PENSER
COMME UN ARBRE

DU MÊME AUTEUR

CHEZ ODILE JACOB

Pour une écologie du sensible, 2020.

À quoi pensent les plantes ?, 2016.

La Grande Invasion. Qui a peur des espèces invasives ?, 2014.

JACQUES TASSIN

PENSER COMME UN ARBRE

Odile Jacob
poches

15, rue Soufflot, 75005 Paris

www.odilejacob.fr

ISBN : 978-2-7381-5125-4
ISSN : 1621-0654

« Planté dans la terre par ses racines, planté dans les astres par ses branchages, il est le chemin de l'échange entre les étoiles et nous. »

Antoine DE SAINT-EXUPÉRY.

« Il est vrai à la fois que le monde est ce que nous voyons et que, pourtant, il nous faut apprendre à le voir. »

Maurice MERLEAU-PONTY.

Introduction

Les écologues savent que les arbres ont une place telle dans l'écheveau du vivant qu'ils façonnent le monde à leur mesure et le polarisent selon leur propre nature. Nous n'échappons pas à leur emprise. Se redécouvrir en analysant l'ascendance multiforme et universelle des arbres sur nous-mêmes, tel est l'objet de ce livre.

Il ne s'agit pas de verser dans l'anthropomorphisme en cédant à une irrépressible envie que les arbres nous ressemblent. En évitant de tomber dans le piège de l'arbre-modèle, je me suis efforcé de préciser pourquoi les arbres orientent notre vie, et comment nous pourrions davantage nous en inspirer. Le triomphe de l'arbre est tel qu'il y a certainement de quoi lui emprunter quelques figures. Comme Aldo Leopold[1] proposait de penser comme une montagne, peut-être pourrions-nous tenter de penser comme un arbre.

Comment tirer parti de ce que l'on sait aujourd'hui de l'arbre, de sa manière d'être au monde et de composer avec l'espace et le temps, pour repenser notre mode de vie ? Ayant lentement évolué au contact permanent du vivant, nous sommes fondamentalement bio-inspirés. Nous entretenons avec le monde vivant des relations qui sont d'abord sensibles, avant d'être pensées. Or, l'arbre ne cesse de nous faire signe. Au cours de notre lointaine genèse, c'est par lui que nous nous sommes enlacés au monde. Et c'est sur une planète habitée et dominée par les arbres que nous vivons aujourd'hui.

L'arbre persiste à nous *souffler* le monde. Il nous en dit quelque chose.

Il est l'altérité par excellence, mais c'est une altérité qui nous « parle ». Nous avons beaucoup appris de lui. Notre corps, mais aussi certaines formes de notre pensée en témoignent. C'est de son bois, du *liber*, que nous avons tiré les livres. Notre connaissance du monde semble invariablement dériver de l'arbre. Selon le philosophe Robert Dumas, « nous n'avons pas quitté l'arbre[2] ». Et ce dernier a encore beaucoup à nous apprendre.

Par chance, même si l'adage prétend que les forêts précèdent les civilisations, et que les déserts les suivent, le fil vert qui nous relie depuis toujours à l'arbre ne s'est jamais rompu. Nous lui sommes toujours connectés, nous sommes toujours restés « branchés ». Nous demeurons fascinés par ces êtres aux formes et contours énigmatiques que nous peinons tant à circonscrire. Il faut tout le talent et la passion d'une vie d'un Piet Mondrian ou d'un Alexandre Hollan pour en rendre compte avec autant de justesse sur une toile. L'arbre restera toujours un mystère, une anamorphose recomposée sous chacun de nos regards, une figure vivante symbolisant la part inaccessible du monde.

Notre regard sur les arbres est en pleine métamorphose. Comment nous en étonner ? Nous vivons une époque charnière, parcourue de changements profonds dans notre perception du monde. Nous moquons nos rêves prométhéens, nos imprévoyances et notre orgueil. Nous traquons des vérités plus authentiques et jalousons désormais l'humilité et le savoir-être des peuples premiers. Nous rêvons de nous réajuster au monde, de retrouver prise dans un contexte d'incertitude. Il ne nous revient plus de mettre de l'ordre dans la nature, mais de la convier à la réorganisation de nos modes d'existence. Nous aspirons à puiser à sa source.

Retrouver le chemin des arbres et du sensible… La science, en survol et distanciée, peine à penser le vivant. Elle demeure trop prisonnière du modèle dominant de la mécanique des solides, « descendue du ciel sur la terre sur le plan incliné de Galilée[3] » ainsi que l'exprimait Bergson. Elle envisage le sensible comme un obstacle, plutôt qu'une lumière complémentaire. Elle est merveilleuse, prodigieuse même, mais ne suffit pas à lever le voile.

Nous avons encore à apprendre du vivant selon des voies d'investigation qui ne tiennent pas pour entrave la possibilité d'une connaissance sensible. À condition toutefois qu'elles prennent leurs distances avec l'ésotérisme, les croyances surimposées aux connaissances, voire la surinterprétation de résultats de la recherche scientifique, dont les arbres font si communément l'objet.

C'est aussi de cette prise de distance que se réclame ce livre.

CHAPITRE I

Façonnés par les arbres

Ce premier chapitre a valeur de coup d'œil dans le rétroviseur. Que devons-nous aux arbres, non pas par les usages que nous en faisons, mais dans notre constitution interne ? Le constat s'impose : l'authentique fabrique de l'homme est la forêt. Les arbres nous ont façonnés, dans notre corps et dans notre esprit.

S'ils sont souvent à nos yeux de la simple verdure, une vague tonalité dans nos décors ambiants, c'est parce qu'en vertu de leur omniprésence, nous ne les voyons plus. Ils sont pourtant là et, par le truchement de nos sens, se rappellent à nous. Il suffit d'un chant d'oiseau, d'un parfum résineux ou du choc mat d'un gland tombant à terre, pour qu'ils reprennent aussitôt possession de l'espace. Alors, ils nous touchent et nous émeuvent.

Au-delà de ces arbres tangibles, il y a aussi ceux que nous avons gardés en nous. Il ne s'agit pas seulement de nos figures pulmonaires, veineuses, lymphatiques ou neuronales, réseaux conducteurs de fluides dont la libre genèse et le jeu des ajustements mutuels redessinent invariablement en nous des arbres. Il s'agit aussi de cette manière dont l'arbre a polarisé l'homme au cours de sa genèse et de son évolution, dans sa constitution, sa façon d'être et ses propensions à envisager le monde. Anton Tchekhov faisait dire à son personnage Mikhaïl Astrov que les forêts « enseignent à l'homme à comprendre la beauté et lui inspirent des sentiments élevés[4] ». Elles nous apprennent peut-être du monde ce qu'il a de meilleur.

Nous vivons selon notre contemporanéité et notre culture du moment. Mais nous restons à jamais ancrés aux arbres que nos lointains aïeux ont si longuement fréquentés. Il y a entre l'arbre et nous un lien invisible mais immédiat, qui se tend chaque fois que par le jeu d'une quête sensible, en silence, débarrassés du flot de nos pensées, nous le laissons venir à nous.

Moulage

Le corps que nos lointains ancêtres arboricoles nous ont légué reste marqué du sceau des arbres. Ceux-ci demeurent notre premier moule anatomique. Ils ont laissé sur nous leurs empreintes, sculpté nos formes, guidé notre trajectoire évolutive. Nous vivons dans la mémoire de mondes anciens intimement peuplés d'arbres, où nous avons appris à nous mouvoir.

Évoluer dans les arbres laisse des traces. C'est au contact de leurs branches si diverses par leur taille et leur texture, éprouvé durant 65 millions d'années depuis l'apparition du premier primate *Purgatorius unio*, que nos corps ont pris leurs formes singulières. Notre colonne vertébrale s'est assouplie à la faveur de courbures privilégiées dans les régions lombaire, dorsale et cervicale. Nos membres se sont allongés et se sont pourvus d'articulations performantes. En témoignent nos épaules et poignets qui autorisent une grande mobilité des bras et des mains. Ces dernières se sont peu à peu ouvertes, nos doigts se sont allongés et libérés l'un de l'autre. À mesure que nos griffes se rétrécissaient en ongles, notre pouce est devenu opposable aux autres doigts. Nos phalanges se sont articulées, et les dernières d'entre elles ont acquis une haute sensibilité tactile. Notre squelette entier, auquel s'accroche notre musculature, représente une puissante estampille de l'arbre sur le vivant.

Ces arbres qui nous portaient, nous avons appris à les consommer, et cette consommation reste vitale. Manger plusieurs fruits par jour, c'est préserver notre santé. Notre denture s'est ajustée à la palette des ressources alimentaires disponibles dans le foisonnement vivant des canopées. Attirés par les formes vivantes qui s'y présentent – feuilles, fruits, graines, bourgeons, insectes, miel, œufs, oisillons, petits mammifères et reptiles arboricoles –, nous sommes devenus omnivores, pour ne pas dire « arborivores ». Il nous a fallu couper, déchiqueter et broyer, et de la sorte, au long d'un patient apprentissage buccal, ajuster et concilier les jeux des incisives, des canines et des molaires, à la faveur d'une grande mobilité maxillaire. Notre dentition s'est ajustée à une nourriture tirée des arbres.

Notre tractus digestif nous rend plus proches des primates frugivores que des primates carnivores ou folivores[5]. C'est que les arbres nous ont mobilisés à leur avantage : nos ancêtres dispersaient dans l'espace, par leurs déjections, les graines contenues dans les fruits dont ils se nourrissaient. Comme chacun d'entre nous a pu l'éprouver intimement, les pépins et les graines résistent à la digestion, et sont évacués dans un état favorable à la germination. Les arbres s'assuraient auprès de nos aïeux ces services de dispersion de graines en leur offrant la chair de leurs fruits, charnue et sucrée, suffisamment riche en glucides pour les incliner à les cueillir. Mais c'était là les convier à se déplacer dans un univers où une chute fatale était toujours possible. Ainsi ont-ils impulsé, chez nous comme chez tous les primates, une grande dépendance des jeunes à l'égard de leurs parents.

Notre système sensoriel s'est également recomposé. À la faveur d'un mode de vie diurne et par nécessité d'une vision stéréoscopique, nos yeux ont glissé en position frontale. Notre monde perçu s'en est d'autant transformé. Pour repérer la nourriture, bondir d'une branche à l'autre, il fallait une vision fiable, apte à distinguer les couleurs, évaluer les distances, repérer les chausse-trappes qu'un creux d'ombre pouvait masquer. Cet environnement complexe ayant stimulé notre activité intellectuelle, la taille de notre cerveau s'est accrue. Nous y avons aussi perdu puisque ce glissement des yeux s'est opéré au détriment de notre nez et de notre odorat. Fort heureusement, notre ouïe n'a pas été affectée. C'est surtout pour des raisons essentiellement culturelles, avec l'invention ultérieure des langages visuels puis de l'écriture[6], qu'elle est passée au second plan.

Il a fallu 40 millions d'années pour qu'apparaisse d'abord le *Proconsul*, hominoïde originel partageant quelques caractères avec les grands singes et l'homme. Dépourvu de queue, se déplaçant sur les branches en station semi-verticale, il était pourvu d'un cerveau de taille inhabituelle. Parmi ses descendants descendus à terre ont figuré les australopithèques, hominidés vivant entre 6 millions et 2,5 millions d'années avant notre ère, et préfigurant le genre *Homo*. Ils se déplaçaient en position dressée sur plusieurs dizaines de mètres, mais grimpaient encore aisément dans les arbres, la mobilité de leur gros orteil étant similaire à celle du chimpanzé.

Ce n'est que depuis 300 000 ans[7] que l'homme, ce « grand singe migrateur » que l'on connaît, comme le nomme le paléoanthropologue Pascal Picq, s'est éloigné des arbres. Il est allé conquérir librement le monde, vers des latitudes et des altitudes de plus en plus élevées. Cela ne représente toutefois que moins de cinq millièmes de notre longue histoire évolutive de primate, et nous ne saurions nous étonner d'être autant marqués par cette longue et pénétrante accointance avec les arbres. Les marques dont nous nous sommes dévêtus en quittant ces derniers ne sont que mineures : une queue devenue moignon, des pieds sans plus de préhensilité, une toison protectrice dont il ne reste plus grand-chose. Nous sommes restés des êtres constitutivement arboricoles.

Apprentissage

Ce qui vaut pour le corps vaut aussi pour l'esprit. Nous avons été intimement forgés par cette longue fréquentation des arbres. Peu avant sa mort, l'ethnologue André-Georges Haudricourt avait cette intuition : « Une question reste pour moi sans réponse : et si c'étaient les autres êtres vivants qui avaient éduqué les hommes[8] ? »

La présomption selon laquelle les hommes auraient par exemple tiré parti de l'observation des animaux pour identifier des remèdes aux maladies est de plus en plus forte. Selon Michael Huffman, ethnologue américain, l'utilisation, commune en Afrique bantoue, de la plante vermifuge *Vernonia amygdalina* proviendrait de l'observation directe d'une automédication des chimpanzés. Sabrina Krief, du Muséum national d'histoire naturelle, a observé des chimpanzés d'Ouganda se soignant à l'aide d'un mélange de feuilles de la plante *Trichilia rubescens* et de terre rouge. De tels exemples s'accumulent, selon lesquels nous avons appris le monde par le truchement des autres êtres vivants.

Nous paraissons découvrir le biomimétisme alors qu'il nous est constitutif. Les manches d'outil, leviers initiaux de nos technologies, sont à l'image de tiges prolongés de feuillages, de fleurs et de fruits. Nos premières outres d'eau étaient inspirées de gros fruits emplis de pulpe. Il ne s'agissait jamais que de prolonger l'observation attentive du vivant par un succédané biomimétique.

Le principe s'est depuis enrichi de nos savoirs technologiques, et le manche et l'outre se sont complexifiés et dénaturés, mais le principe demeure intact. Pour autant, les nouvelles technologies ne nous autorisent plus aujourd'hui qu'à nous saisir du monde du bout des doigts, voire de nos seuls pouces, et ne nous permettent plus de l'empoigner comme on empoignait un manche. Nous nous *débranchons* pour nous rebrancher ailleurs. Ce faisant, nos mains se vident. Face à un monde numérique empli de virtualités, notre intérêt pour le biomimétisme semble une compensation nécessaire. Il panse le déracinement dont souffre notre être profond.

Il n'est pas saugrenu, à la suite d'Haudricourt, de s'interroger sur la part que doivent aux arbres notre savoir et notre pensée.

Si, lors de notre genèse, les arbres nous ont appris à être au monde, ils nous ont aussi appris à apprendre le monde. C'est sur les branches maîtresses des grands arbres qu'aspirés par la verticalité de ces derniers, commençant à nous dresser, nous avons fait nos premiers pas.

Tel est ce socle premier, inaltérable, sur lequel s'est appuyée notre marche. Sous les sabots du cheval, il n'y a jamais eu que la fermeté rassurante des grandes étendues herbeuses. Mais sous les pieds de l'homme persiste toujours, invisible, la trace d'une branche parfois glissante, se fléchissant parfois sous notre poids, jamais tout à fait certaine. Que l'on trébuche aujourd'hui dans notre pensée, et il s'agit toujours, dit-on encore aujourd'hui, de se raccrocher aux branches. La peur du vide structure encore notre mental, et nous avons toujours besoin d'appuis pour être au monde.

L'emprise de l'arbre opère au-delà même de notre mémoire évolutive. Chez les enfants grandissant dans un environnement dégradé, les capacités d'apprentissage sont moindres. Le manque de stimulations associées à l'expérience des milieux naturels retarde l'éveil mental. Il accroît l'hyperactivité, les difficultés sociales, et génère des pathologies[9]. À l'inverse, de simples promenades dans des espaces arborés, à l'encontre de ce que des psychologues américains nomment *Nature Deficit Disorder* (trouble du déficit de nature), augmentent les performances de lecture des enfants[10]. Non seulement ils sont moins sujets à la myopie, mais leur niveau d'attention s'élève. Les enfants confrontés aux arbres manifestent enfin un plus grand sentiment d'appartenance sociale. Ils sont moins irritables, moins violents, et plus bienveillants à l'égard des autres enfants.

Comment le seul voisinage des arbres parvient-il à accroître l'attention d'un enfant dans un exercice de lecture ? Selon les psychologues de l'environnement, et tout particulièrement d'après les travaux des Américains Rachel et Stephen Kaplan, l'enfant peut mieux se concentrer sur une tâche particulière dans une ambiance arborée[11]. La fréquentation des arbres stimule aussi le jeu chez les enfants. Ils gagnent en agilité, en coordination des gestes, en vigueur physique et intellectuelle. Les matériaux qu'ils rencontrent, à portée de main, aiguillonnent la curiosité, stimulent le sens de l'observation, attisent la créativité.

Pour un tout jeune enfant, une feuille de platane ramassée au sol, un jour de novembre, suffit à l'émerveillement et au bien-être. Un tronc incliné, et c'est le monde entier que l'on gravit, dans l'élévation simultanée de soi. Se cacher derrière ce même tronc, c'est se soustraire momentanément au regard de l'autre et s'individualiser, tout en restant attentif et présent.

Auprès des enfants, une nature boisée alimente l'engagement de soi, le goût de l'exploration, la réflexion. Elle constitue un lieu d'apprentissage social et culturel privilégié. À la faveur d'activités aussi banales qu'une simple balade en forêt, elle promeut aussi le contact direct entre enfants et adultes. Ces effets sont plus élevés encore chez les enfants issus de quartiers urbains défavorisés[12].

Pour aider les enfants à apprendre le monde physique et social, pour les ramener à une réalité dont les écrans les éloignent, peut-être devons-nous d'abord leur permettre de retrouver librement, par des voies ludiques, le contact avec la nature.

Apaisement

Ce n'est pas l'objet de ce livre de détailler les effets régulateurs des arbres sur l'environnement. Parmi ceux-ci figurent, au premier plan, la production d'oxygène, la fixation du carbone atmosphérique, la dépollution, le rafraîchissement de l'air, la régulation des précipitations, l'épuration des eaux et des sols, et le contrôle du ruissellement. Cette régulation est essentielle. Lorsqu'il créa en 1291 l'administration des Eaux et Forêts, Philippe Le Bel pressentait sans doute, comme ses contemporains, que les arbres orientent non seulement le cours des eaux, mais aussi celui du monde.

L'emprise des arbres joue en notre faveur. Comme ils régulent en amont les tumultes climatiques, ils apaisent aussi la turbulence de nos esprits soumis au stress. Face à ce mal du siècle, et aux perspectives d'expansion urbaine, cela n'est pas superflu. En France, nous sommes près de 80 % à vivre en milieu urbain. Notre santé mentale en pâtit. Or, depuis une trentaine d'années, les psychologues relèvent une corrélation entre la présence d'arbres autour de nous, et notre capacité à nous sentir bien dans notre peau. Le *green space* (espace vert) est notre vitamine G[13].

L'article de Roger Ulrich dans la revue *Science* en 1984 est fondateur[14]. Ce professeur en architecture, intéressé par les effets de l'habitat sur la santé humaine, a accédé aux dossiers des patients accueillis dans un hôpital de Pennsylvanie entre 1972 et 1981. Il a alors entrepris d'analyser la durée du séjour postopératoire des personnes ayant subi une ablation de la vésicule biliaire. Ce faisant, il a caractérisé la vue dont elles disposaient par la fenêtre de leur chambre. Il a ainsi pu révéler que celles qui pouvaient contempler des arbres se remettaient plus rapidement que celles dont la fenêtre faisait face à un mur. Elles consommaient également moins d'antalgiques.

Les arbres nous apaisent et nous aident à nous rétablir. Si nous examinons attentivement de vieilles cartes postales représentant des hôpitaux au début du XXe siècle, nous voyons qu'ils étaient densément plantés d'arbres. Le personnel hospitalier était depuis longtemps parvenu au même constat qu'Ulrich.

S'il est vrai que le degré d'exposition aux arbres est difficile à mesurer, qu'il dépend de la réceptivité de chacun, et que tous les arbres ne sont pas davantage semblables, il n'empêche qu'invariablement, ils nous font mentalement du bien.

C'est au Japon qu'il faut en chercher l'une des preuves les plus patentes, avec la pratique du *shinrin-yoku* (bain de forêt). Le suivi de paramètres simples tels que la pression sanguine, la teneur salivaire en cortisol ou le rythme cardiaque, indicateurs de stress aisés à mesurer, a été conduit auprès de plusieurs populations japonaises. Les effets relaxants de ces bains de forêt ont été mesurés sans biais possible, de manière répétée, dans des régions diverses[15]. L'effet des arbres sur l'atténuation du stress est désormais indéniable.

Les cas où la présence d'arbres nuit à notre bien-être en dégradant par exemple la qualité de l'air par l'émission d'ozone et de particules fines lors d'épisodes caniculaires en milieu urbain, comme cela a été révélé lors d'une récente canicule berlinoise[16], restent des exceptions.

Les arbres font mieux encore puisqu'ils refrènent nos accès de violence, comme l'ont montré Mary Wolfe et Jeremy Mennis, de l'Université Temple aux États-Unis[17]. L'idée habituelle est qu'en milieu urbain, les massifs de végétation constituent des refuges ou des barrières visuelles en faveur des personnes mal intentionnées, qui échappent plus aisément à la surveillance. Mais l'étude conduite par ces deux chercheurs en géographie urbaine a révélé un effet inverse.

Considérant que les espaces arborés représentaient aussi des lieux de rencontres et de quiétude sociale, pour peu qu'ils fussent aménagés à cette fin, ces chercheurs ont démontré que la criminalité diminuait quand le couvert arboré s'étoffait. Cette relation restait indépendante du statut socio-économique du quartier. L'explication est que les espaces arborés aménagés et toilettés sont perçus par les individus malveillants comme des lieux certes plutôt habités par des personnes aisées, mais également hautement surveillés.

Mieux encore, la végétation refrène directement les accès de violence. Elle opère en faveur d'une régulation des agressions. Une ville est plus sûre lorsque le regard va loin, et que les jardins privés demeurent ouverts et dénués d'écrans de verdure. Mais elle l'est d'autant plus que des espaces publics plantés d'arbres demeurent présents dans le voisinage[18]. Voilà qui plaide pour des villes mieux arborées, propices à un meilleur comportement social. En outre, peut-être en relation avec leur caractère désindividué, les arbres ne manifestent eux-mêmes pas de violence. Ils contribuent donc doublement à conférer aux villes une tonalité pacifiée.

Arbophilie

En 2003, une équipe de psychologues mesurait le rythme cardiaque de 28 femmes volontaires réparties en deux lots de même taille, visionnant une succession de 80 scènes visuelles et sonores de 15 secondes chacune. Ces scènes relevaient d'espaces urbains pour le premier lot, de milieux naturels pour le second. L'expérience révéla que les paysages naturels produisaient un ralentissement du pouls, au contraire des vues de villes[19].

Nos relations sensibles avec les arbres sont si fortes que de simples images les représentant peuvent induire des effets comparables. Les techniques de neuro-imagerie, telle l'imagerie par résonance magnétique (IRM), permettent d'identifier les zones cérébrales associées à nos fonctions cognitives ou émotionnelles, et de révéler les effets qu'induit dans notre cerveau la représentation d'un arbre.

Ayant suivi les réactions cérébrales de 30 étudiants volontaires, une équipe sud-coréenne a révélé en 2010 que la simple contemplation d'images de milieux arborés (forêts, parcs et jardins) activait le système limbique[20], impliqué dans les sensations de joie et de plaisir. Nous disposerions donc d'une « sylvophilie », voire d'une « arbophilie » constitutive. De sorte que ces seules images, quel que soit le contexte réel où nous nous trouvons, non seulement nous apaisent, mais produisent aussi en nous des sensations heureuses.

Ces expériences révèlent toutefois que la réalité de l'environnement nous importe moins que l'idée que nous nous en faisons. Nous sommes davantage sensibles à notre perception de la biodiversité qu'à sa réalité. Une équipe conduite par l'Université de Sheffield, en Grande-Bretagne, a montré qu'au sein d'un parc arboré en milieu urbain, l'état mental des personnes dépendait bien davantage du nombre d'espèces d'oiseaux, de plantes ou de papillons qu'ils estimaient présentes autour d'eux, que de leur nombre effectif[21].

Notre relation sensible au monde l'emporte sur sa réalité objective. De la sorte, les dispositions réglementaires ou législatives que nous adoptons en faveur de la biodiversité restent moins efficaces que la restauration de notre lien sensible au vivant. Il importe d'amener le grand public, pour sa santé mentale comme pour la préservation de la biodiversité, à mieux distinguer l'ensemble des espèces qui l'entourent, en leur permettant de renouer avec elles un lien sensible. Si nous ne sommes pas en mesure d'éprouver la biodiversité, et si celle-ci ne reste qu'une idée, pourquoi la protégerions-nous ?

Selon les tenants de la biophilie, concept popularisé par le biologiste Edward Wilson, nos préférences esthétiques pour les espaces parsemés d'arbres témoigneraient des préférences des premiers représentants d'*Homo sapiens*. Il s'agirait d'une forme d'atavisme culturel selon lequel les critères d'appréciation vitaux à l'égard de notre habitat se seraient maintenus en nous par voie épigénétique.

Nos ancêtres descendus des arbres rencontraient assurément dans les savanes des conditions privilégiées pour s'alimenter, se préserver et s'abriter. Notre inconscient reconnaîtrait aujourd'hui, au premier coup d'œil, les espaces analogues, potentiellement favorables. L'engouement pour les parcs africains, que domine la savane, aurait ainsi valeur de pèlerinage quasi viscéral. Ces parcs seraient autant de terres originelles où l'on se sente enfin, y compris au contact de grands fauves entrevus par la vitre d'un véhicule, en pleine sécurité intérieure. La « psychologie évolutionniste », née du mariage de la psychologie moderne et de la biologie évolutive, suggère des explications pertinentes de nos réactions aux changements environnementaux. Ce dont les concepteurs d'images publicitaires n'ont pas manqué de s'inspirer[22].

L'hypothèse psycho-évolutive que soutient la biophilie présente notre lien sensible au vivant comme le fruit de contingences évolutives. Elle n'en reste pas moins partisane en se présentant comme *la* clé de compréhension de notre émerveillement à l'égard de la nature[23].

Pourquoi ne pas présenter cela autrement en considérant que nous ne sommes pleinement nous-mêmes que par notre sensibilité au vivant, au-delà des seules raisons évolutives, parce que notre pleine intégrité reste indissociable des milieux naturels ? C'est peut-être dire à peu près la même chose, mais c'est nous placer en libres sujets, plutôt qu'en objets exclusivement déterminés par notre environnement. Le philosophe américain David Abram porte très haut notre lien intime avec le monde naturel : « Nous ne sommes humains que dans le contact et la convivialité avec ce qui est non-humain[24]. »

La vie sensible est irréductible aux contours de l'évolution adaptative.

Arbothérapie

Sensibles au reste du vivant, nous le sommes jusqu'au bout des ongles, jusque dans le foisonnement bactérien qu'ils abritent. Le rôle du microbiote sur l'ensemble de notre organisme, notamment sur notre immunité, se révèle majeur. Il n'est plus farfelu d'envisager que les êtres vivants que nous côtoyons intimement influent, par leur simple présence, sur notre santé physique. Ne devrions-nous pas envisager que les arbres qui nous entourent disposent d'un semblable effet ?

Nous marchons plus volontiers dans un espace planté d'arbres, aménagé comme lieu de promenade, qu'au long d'une voie de circulation minérale, bruyante et polluée. Le bienfait de la marche n'étant plus à démontrer, il n'est pas étonnant que les personnes âgées ayant accès à de tels lieux de promenade vivent au moins cinq ans de plus que dans une grande cité[25].

Ces personnes doivent peut-être davantage cette performance à leur volonté de maintenir leur condition physique, plutôt qu'aux arbres eux-mêmes. Mais les effets de ces derniers sur notre santé physique sont aujourd'hui clairement avérés. Ils interviennent au-delà même de la régulation du stress, et au-delà des bienfaits de l'exercice physique que permettent les espaces arborés aménagés pour la promenade.

Comment cela est-il possible ?

Une équipe d'épidémiologistes de l'État de New York s'est intéressée aux relations entre l'occurrence de l'asthme chez les enfants et la densité d'arbres le long des rues de leurs quartiers[26]. Ces chercheurs se demandaient pourquoi les enfants des quartiers les plus pauvres étaient les plus atteints par cette pathologie, et s'il n'y avait pas là une relation possible avec la qualité de l'environnement végétal. Avec une progression de 50 % entre 1980 et 2000, l'asthme infantile est devenu aux États-Unis une préoccupation majeure, et aucune voie explicative n'était donc à exclure.

Ces mêmes chercheurs réunirent des données géolocalisées sur les occurrences d'asthme infantile auprès des centres de santé, de même que sur les plantations réalisées par les services municipaux. Après avoir écarté les biais représentés par les relations indirectes entre ces deux composantes, qu'induit par exemple le niveau de vie du quartier de résidence, leur constat s'imposa : plus les arbres étaient nombreux dans les quartiers, moins les enfants étaient sujets à l'asthme, selon une relation manifeste de cause à effet. Il ne s'agissait pas d'un simple assainissement de l'air par les arbres, mais d'un autre mécanisme qu'il reste cependant à élucider.

C'est encore une fois du Japon que sont venues les démonstrations les plus convaincantes quant aux effets directs des arbres sur notre santé physique. Il est désormais avéré que les arbres des forêts peuvent stimuler notre immunité. Le *shinrin-yoku*, déjà évoqué, n'est pas sans lien avec l'aromathérapie, pratiquée pour renforcer les défenses immunitaires. Les arbres produisent des substances volatiles appelées phytoncides, essences essentielles qui permettent au bois de se préserver des infections microbiennes. Or ces phytoncides sont susceptibles d'activer nos lymphocytes, notamment les lymphocytes NK *(Natural Killer)* impliqués dans la régulation des cellules cancéreuses.

Une promenade d'une journée ou deux en forêt augmente pendant plus d'un mois l'activité de ces lymphocytes[27]. Il suffit d'inspirer pour capter les substances qui volettent alentour, véritables elfes bienfaiteurs nommés pinène, bornéol, cymène, linalol ou limonène. De la bio-inspiration à la lettre. Les monoterpènes émis par le bois, tel l'alpha-pinène, possèdent des effets antioxydants et anti-inflammatoires. Ils facilitent aussi la résorption osseuse et réduisent l'ostéoporose[28]. Il ne s'agit donc plus d'une simple activation immunitaire découlant de l'atténuation du stress, l'organisme mobilisant alors ses défenses immunitaires. Le médecin Qing Li, membre du département d'hygiène et de santé publique à Tokyo, figure de proue du *shinrin-yoku*, a confirmé que des sorties comparables réalisées en ville ne produisaient pas de tels effets.

Peut-être faut-il voir dans les résultats de ces études, et des autres qui s'en rapprochent, une part d'explication de notre rapport intime aux arbres. Nous aimerions leur compagnie parce que notre corps sait qu'ils nous le rendent bien.

Mais cela ne s'arrête pas là. Les arbres ont aussi façonné dans notre esprit nos aspirations les plus profondes.

Spiritualité

« Arbres de la forêt, vous connaissez mon âme », clamait Victor Hugo dans ses *Contemplations*. Comment mieux dire cette convivialité liant les hommes aux arbres ? Notre éveil spirituel a été conditionné par la nature matricielle de l'arbre à notre égard, mais aussi par la place qu'il tient dans notre monde sensible.

L'arbre s'est tant enraciné dans notre esprit qu'il y est devenu le temple des divinités premières. Ainsi que l'avait montré Jean-Baptiste Van Helmont au XVIe siècle, et comme l'avaient pressenti ses propres ancêtres, un arbre doit très peu (moins de 1 %) de sa biomasse à la terre. Le reste, il le doit au ciel et à sa lumière. Il est *cosmocentré*, avance le philosophe Michael

Marder[29]. Comment aurions-nous pu dès lors échapper à ce lien analogique immédiat entre l'arbre et l'esprit ?

Tous les végétaux, écrivait Gaston Bachelard[30], sont des « inducteurs de rêverie particulière ». Les arbres, assoiffés de ciel dont ils puisent la lumière pour photosynthétiser leur matière constitutive, sont à nos yeux des modèles d'élévation de l'être. N'orientons-nous pas notre quête intérieure selon le modèle de l'arbre, avec toutefois les tensions intérieures que cela peut générer, comme Nietzsche le faisait dire à Zarathoustra : « Il en est de l'homme comme de l'arbre. Plus il veut s'élever vers les hauteurs et la clarté, plus profondément aussi ses racines s'enfoncent dans la terre, dans les ténèbres et l'abîme – dans le mal[31] ? »

Volontiers visionnaire, Bachelard écrivait aussi : « Vivre comme un arbre ! Quel accroissement ! Quelle profondeur ! Quelle rectitude ! Quelle vérité[32] ! » Et Hugo, à nouveau : « Ô végétation ! esprit ! matière ! force[33] ! » En tout arbre, nous voyons un esprit. En tout esprit, nous voyons un arbre.

Le cheminement spirituel des hommes semble s'ajuster au mouvement de l'arbre, à ses constances, à sa capacité, comme métaélément, à tresser ensemble d'inconciliables puissances premières. L'arbre compose avec le feu du Soleil, l'impalpable consistance de l'Air, l'imprévisible circulation de l'Eau et l'obscurité de la Terre.

Il est cette colonne, ce tronc qui est aussi le nôtre. Il forme l'axe d'un dipôle qui fait lien entre des mondes inaccessibles et contraires, reclus dans le fond de la Terre et du Ciel, mais qu'il rassemble en lui-même. Invariablement, même réduit à l'état de poteau chamanique sibérien, de « poteau-mitan » sioux ou d'arbre de mai dans nos propres contrées, il assure le rôle de passeur entre le monde chtonien et le monde ouranien. Dans nombre de mythologies, et dans les religions qui s'en sont nourries, il reste le symbole indétrônable du cosmos.

La tradition chrétienne en fournit un magnifique exemple. Pas seulement parce que l'*arbre de vie* dominait le jardin d'Éden. Les analogies entre l'Évangile et l'arbre, ou plus généralement l'être végétal, sont en effet nombreuses.

Elles se manifestent entre l'ange Gabriel et l'insecte ailé pollinisateur, la conception du Christ et l'autofécondation dont seules les plantes sont capables, le métier de charpentier et la confrontation aux arbres qu'il sous-tend, la multiplication des pains et la propagation végétative, la marche sur les eaux et la flottaison des graines ou des bois, le jeûne dans le désert et les capacités de résistance végétale à la sécheresse, la transsubstantiation et la photosynthèse, la Croix et l'arbre de vie, la Pâque et le renouveau printanier, la résurrection et la levée de dormance des graines, la confusion faite par Marie la Magdaléenne entre le Christ ressuscité et le jardinier, etc.

Zachée, qu'évoque l'Évangile selon saint Luc, avait donc de bonnes raisons de grimper à un arbre pour mieux voir le Christ. Les églises ou les temples chrétiens sont même portés par des piliers rappelant des colonnes d'arbres, dont les voûtes se rejoignent elles-mêmes en une canopée. « Tout retrace les labyrinthes des bois dans l'église gothique[34] » avait observé Chateaubriand à la suite de Goethe. Qui entre dans la *Sagrada familia* d'Antoni Gaudi, à Barcelone, croit pénétrer dans une futaie. Et dans nos paysages ruraux, les clochers sont tels des arbres vénérables. Le Christ est inséparable de l'arbre.

Nous pourrions relever de semblables analogies si nous explorions plus avant les courants spirituels et détaillions la nature profonde du frêne Yggdrasil dans la mythologie germanique, de l'arbre lunaire des Maya, du sycomore de l'Égypte des pharaons, du *kiskanu* des Babyloniens, du figuier *Asvattha* du sud de l'Inde, de l'arbre de la *bodhi* des bouddhistes ou bien du *kien-mou* des Chinois, sans parler des mythes celtes peuplés de druides coupeurs de gui, ou des mythes antiques associant Jupiter au chêne de Dodone, Vénus au myrte, Minerve à l'olivier, Myrrha à la myrrhe, Poséidon au frêne, Hercule au peuplier, la malheureuse Daphné au laurier, etc.

Nos univers spirituels sont des univers arborés.

Nombreux sont ceux qui, bien qu'athées ou agnostiques, n'en ont pas moins planté un arbre à la naissance de leur enfant, ou se sont interdit de couper celui qu'avait mis en terre un aïeul. Les projets de cimetières sous forêt se multiplient, et des urnes funéraires biodégradables sont désormais confiées à la sérénité des sous-bois.

Tel était le rêve de Victor Hugo : « C'est sous votre branchage auguste et solitaire que je veux abriter mon sépulcre ignoré, et que je veux dormir quand je m'endormirai[35]. » Tel est, de près ou de loin, le rêve de chacun.

CHAPITRE II

Présence au monde

La « présence », révèle le dictionnaire, s'entend communément comme le fait de se trouver dans le lieu dont on parle, ou bien d'assister à l'événement dont il est question. Mais être là n'empêche pas d'être intérieurement absent, lorsque nos pensées nous extraient de la réalité.

La présence est un acte engageant, une prise de conscience du monde, nous liant *ipso facto* au présent. Elle est l'abolition de toute distance entre soi et le monde, une manière de le réinvestir sans que rien n'en altère notre conscience perceptive.

Il n'est guère surprenant que l'arbre, par sa capacité de présence, borde aussi souvent nos chemins spirituels. Rien ne semble plus proche du monde qu'un arbre, qui en épouse les contours jusqu'à s'y fondre et les transforme, sans distanciation. Il est aussi sensible à l'astre solaire qu'aux profondeurs terrestres, en phase et en résonance avec ce qui est en lui et hors de lui. Au sein du vivant, il n'est de mouvements plus sobres, plus posés, mieux ajustés que ceux d'un arbre. Sa beauté est première, essentielle et irréductible. Selon l'énoncé de Plotin, elle coïncide avec sa propre raison[36].

Tout en l'arbre est ouvert et offert au monde.

La première phase de notre morphogenèse, au quinzième jour du développement embryonnaire, nous condamne au contraire à nous replier sur nous-mêmes. Nous nous reployons dans un carcan triblastique (à trois feuillets). Nous devenons alors contraints dans nos formes, définis dans notre devenir, retenus par nous-mêmes.

Notre culture aristotélicienne, qui ne retient du monde que ses formes universelles et atemporelles, exacerbe ce détachement. La technologie creuse plus encore l'écart : nous flottons hors du monde réel en prêtant désormais nos sens à l'expérience d'univers visuels et sonores qui n'existent pas. Notre pensée, sans plus de prise avec le réel, tourbillonne et s'affole.

Comment ne pas éprouver une vive jalousie à l'égard des arbres, interfaces vivants et libres qui se prolongent et se confondent avec ce qui les entoure ? L'arbre concilie les contraires, transcende les frontières, multiplie l'intersubjectivité en connectant entre eux les êtres vivants. Iconoclaste, rétif à toute démarcation comme à toute précipitation, hautement sensible, il nous propose de voir le monde en immédiateté. Dans les disciplines orientales d'éveil du corps et de l'esprit, la « posture de l'arbre » enracine, élève et relie. Pleinement présent, l'arbre incarne une posture méditative.

Lenteur

Le plus souvent, l'arbre prend son temps.

Il procède d'un temps long auquel il donne son épaisseur. Il se meut dans l'espace selon une gestuelle imperceptible, pareille au glissement des étoiles. Il compose avec les forces d'alentour. Pas question d'incliner sa croissance au gré des vents sans en éprouver la résultante et en garder comme la « mémoire[37] ». Il ne se presse jamais.

Nos sociétés humaines s'emballent au contraire en de folles galopades. Avoir le geste lent, c'était naguère rester à la mesure des choses et des êtres. La précipitation était moquée, et l'on faisait la sieste à l'ombre des arbres. Mais le temps s'est mécanisé, s'est privé de ses rondeurs, est devenu comptable de l'argent gagné ou perdu. Notre monde est devenu volatil et désenchanté. Nous ne regardons ni derrière, ni devant. Nous nous désengageons des réalités sensibles pour n'accorder nos regards qu'à des spectacles de paillettes éphémères. Nous ne communiquons que par bribes d'e-mails, de SMS et de tweets. À force de malmener le temps, nous en perdons même la mémoire.

La lenteur de l'arbre n'est pas qu'une moindre vitesse, qui demeurerait mesurée, comptabilisée, surveillée. Elle reste un libre ajustement au rythme propre du vivant. L'arbre croît et se développe selon la farandole des cycles temporels qui gouvernent le cosmos. Par son lent avènement, sa patiente dilatation, cet être de silence s'accorde aux élans du monde. Ni en avance ni en retard, il prend le temps comme il vient. Sensible aux inflexions saisonnières, aux fluctuations quotidiennes de la lumière, il se laisse guider par une temporalité cosmique dont il incarne une vivante clepsydre.

L'arbre nous donne l'heure intime du monde.

Pour retrouver ce juste temps que nous avons égaré, il convient de regarder l'arbre pousser, de retrouver chaque matin la même branche ou le même rameau, d'observer l'éclosion des bourgeons, l'évolution des feuilles et des fleurs et, de la sorte, d'accorder notre remous intérieur au battement de son métronome. La fréquentation attentive des arbres, qu'accompagnent les ballets changeants et imprévisibles des oiseaux et des insectes, nous reconduit à notre temporalité profonde.

Il n'est guère surprenant que l'horticulture et le jardinage constituent des thérapies[38]. Jardiner n'est pas seulement prodiguer des soins au vivant, réactiver nos capacités d'observation, respirer un air moins pollué que dans notre maison, voire enrichir notre microbiote en bactéries issues du sol. C'est aussi se replacer dans le temps, redécouvrir la patience, accueillir l'incertitude. C'est consentir aux rythmes et aux exigences de notre constitution vivante, gagner d'autant en humilité et, en récompense, accepter enfin de perdre son temps pour mieux le retrouver. Ces moments de jardinage nous ramènent au caractère concret du monde, à la nature intime des choses, et non plus à leur simple mesure. En regardant pousser les arbres que nous avons plantés, nous réinstallons notre confiance dans l'avenir.

Signe de notre temps, nous apprécions à nouveau les plantes à croissance lente, au demeurant plus aisées à entretenir parce que moins exigeantes et n'exigeant pas de taille régulière. Les haies de buis auraient peut-être supplanté les incontournables haies de thuyas si elles n'étaient aussi malmenées par une pyrale d'origine asiatique. Il n'est rien de plus esthétique qu'un arbre qui a pris le temps d'être ce qu'il est. Les plus beaux jardins, comme les plus beaux arbres et les plus belles forêts, portent en eux la marque du temps. L'empressement les enlaidit.

Tout jardin est à l'image de son jardinier. Il peut être docile, conforme aux injonctions du moment, engazonné ou fleuri comme il se doit. Il peut aussi demeurer dégagé des exigences sociétales, s'ajuster d'abord aux exigences du vivant, rester « en mouvement[39] ». Le premier de ces jardins nous efface et nous enchaîne. Le second nous révèle et nous libère.

Sobriété

Lorsque j'ai découvert le *kwongan* australien, dans la région de Perth, un des *hotspots* de la diversité végétale, j'ai été aussitôt saisi par une extraordinaire coexistence vivante. Je n'ignorais pas que les formations végétales en climat méditerranéen présentent une diversité inhabituelle de plantes. Rien ne m'avait cependant préparé à ce foisonnement, cette cohabitation sans limite, dans cette formation végétale où il n'est pas rare que vingt espèces, parfois davantage, se côtoient dans un mètre carré[40]. Cet impressionnant jardin naturel se tient pourtant sur des sols sableux ou latéritiques très appauvris.

La pénurie (en nutriments) et la richesse (en espèces) sont manifestement compatibles. Elles sont même alliées. La pauvreté des substrats garantit la stabilité des peuplements végétaux et la coexistence harmonieuse des individus qui les composent[41].

Dans tous les écosystèmes végétaux, c'est également dans les situations de pénurie, où les ressources demeurent basses et peu fluctuantes, que la cohabitation végétale, mais aussi la stabilité des écosystèmes, s'expriment le plus fortement. Le zoologue allemand Joseph Reichholf décrit cela avec clarté : « L'équilibre est lié à la pénurie. Plus celle-ci est importante et marquée, et plus la situation des espèces nous apparaîtra équilibrée et stable. La multiplicité des espèces, qui caractérise la plupart des habitats où règne un manque de matériaux fondamentaux nécessaires pour les processus vitaux, est la conséquence de ce manque. La variété des fleurs multicolores que l'on trouve dans les prairies arides exprime parfaitement cette réalité ; au contraire, le jaune monotone des pissenlits indique en revanche un excès de substances nutritives[42]. »

Nous croyons souvent que les forêts tropicales doivent leur exubérance à une fertilité élevée des sols. Or ceux-ci sont profondément lessivés par des pluies abondantes. C'est dans les arbres mêmes que loge une fertilité recyclée au-dessus du sol.

Ces forêts que l'on croyait primaires ont souvent réinvesti des sols longtemps occupés par des productions agricoles qui les ont appauvris. La variole, on le sait, fut la meilleure alliée des conquistadors espagnols. La conquête de l'Amérique fut d'abord celle d'un virus contre lequel les populations locales n'étaient pas protégées[43]. Les territoires que la variole dépeupla furent reconquis par une forêt qu'avec indécence, ou par amnésie collective, d'aucuns persistent à qualifier de primaire. Bien des forêts tropicales foisonnantes et luxuriantes occupent aujourd'hui des sols dévastés, autant par les pluies que par une trop longue valorisation agricole.

Voilà qui correspond mal à la représentation usuelle de nos sociétés, au sein desquelles notre salut paraît indissociable de l'abondance. À l'image des prairies fleuries de pissenlits, suralimentées de nutriments azotés ou de matière organique, nos sociétés nanties souffrent de monotonie.

À l'encontre de la boulimie consumériste, de la non-équité sociale et de nos impacts sur l'environnement, la sobriété propose une alternative épicurienne heureuse[44]. Il s'agit de retrouver non pas l'austérité ou l'inconfort des sociétés déshéritées de nos aïeux, mais une plus juste consommation d'énergie, d'aliments et d'eau. Il s'agit aussi de ne plus céder au superflu, de promouvoir des logiques de mutualisation, de valoriser la cohabitation. Tout étant à réinventer, et puisqu'il ne s'agit pas de revenir en arrière, nous pourrions peut-être progresser en nous inspirant du mode de vie des arbres.

Chacun d'entre nous dispose en outre de références pour lesquelles la pénurie a favorisé des rapprochements et suscité des collaborations humaines inattendues. Nombreux sont les témoins de la Première Guerre frappés par l'intensité de cette fameuse camaraderie du front qui resserrait les hommes de conditions très diverses, jetés ensemble dans la même fournaise. Les catastrophes porteuses de pénurie entraînent des gestes de solidarité inattendus, sans distinction des victimes auxquelles porter secours.

Sans parler d'entraide chez les arbres, sans devoir surinterpréter les interactions positives qu'ils manifestent, nous pouvons déceler chez eux un art du vivre ensemble. Au bout du compte, chez les végétaux comme dans les sociétés humaines, c'est l'inégalité dans l'accès aux ressources qui compromet les cohabitations heureuses. Dans l'ensemble du monde vivant, chez les arbres comme chez les hommes, la sobriété – et non le manquement – sous-tend la diversité et la cohabitation.

Décentrement

Si l'arbre dispose d'une intériorité en tant qu'être sensible, il est privé d'internalité. Sans organe, sans milieu intérieur, il est entièrement tourné sur l'extérieur.

Il pourrait être défini comme « une pellicule vivante extériorisée, ramifiée et dressée, puisant au sol et au ciel, désindividuée mais intégrée ». Cette définition exige toutefois un peu d'explications.

C'est tout d'abord jouer sur le caractère polysémique du terme *pellicule*. Ce mot renvoie à sa signification géométrique, s'agissant d'une forme dont la surface est maximisée et le volume minimisé, mais nous rappelle aussi que la forme d'un arbre rend compte de son histoire.

Les mots *désindividuée* et *intégrée* font référence à la vision de Goethe, qui avait perçu la dimension multiple d'un arbre, composé d'unités bourgeonnaires à la fois libres, vouées à fouiller le monde au gré de leur développement, mais assujetties à un principe fédérateur.

Ce qui est plus essentiel encore dans cette définition, c'est la capacité de l'arbre, en exacerbant ses surfaces, à faire lien avec le monde et à le sonder dans son inépuisable diversité ; bref, à *s'extérioriser*. Cela vaut bien la définition du Larousse, selon laquelle un arbre est « une plante dont la tige ou tronc, chargée de branches, peut atteindre de grandes dimensions ». C'est dire là peu de chose de la nature de l'arbre.

Si nous oublions souvent le caractère foncièrement surfacique de l'arbre, c'est en partie parce que les chiffres illustrant ce point dépassent notre entendement. Il nous est malcommode de considérer que la partie aérienne d'un palmier à huile de 3 mètres de haut, ou le système racinaire d'un plant de seigle, représentent 400 mètres carrés de surface cumulée. Une valeur équivalente à la surface corporelle totale de 210 hommes.

La surface aérienne d'un arbre de 40 mètres de haut dépasserait l'hectare[45]. Soit cette fois la surface corporelle de 5 260 hommes. Il resterait encore à évaluer la surface représentée par l'association entre les racines d'un tel arbre et les réseaux mycéliens des champignons par lesquels il prolonge sa surface exploratoire. Cela représenterait certainement la surface de plusieurs dizaines de milliers d'hommes.

Mais ces valeurs surfaciques, même transcrites de manière simple, ne correspondent pas à notre représentation mentale de l'arbre. Chacun de nous, l'observant, voit d'abord un volume, à commencer par celui du tronc. C'est alors ne plus regarder l'arbre dans sa seule partie vivante, uniquement présente en périphérie du tronc, mais englober sous notre regard sa partie morte, que constitue le volumineux bois de cœur. Nous ferions la même erreur si, nous envisageant, nous considérions toutes les cellules mortes et autres déchets naturels dont notre corps s'est débarrassé depuis notre naissance.

Si nous peinons à nous inspirer des arbres, c'est d'abord parce que nous ne savons pas les regarder.

Pour un être vivant, étendre sa surface, c'est accroître son potentiel d'échange, son interface avec l'extérieur, sa part sensible. C'est augmenter sa capacité à être au monde. En respirant *via* le réseau arborescent de nos bronchioles pulmonaires, nous disposons nous-mêmes d'une capacité singulière à nous intégrer au monde et à l'intégrer en nous. Et les phénoménologues ajoutent que notre sensibilité naturelle, si puissante en nous, tient aussi d'un échange avec le monde.

Nous n'avons pas trop à rougir de nous, du moins tant que nous ne regardons pas trop du côté des arbres, tellement plus performants dans leur capacité à interagir avec leur non-soi. Ils respirent comme nous. Mais ils échangent bien davantage avec le monde en puisant de l'eau au sol, qu'ils transfèrent au ciel par évapotranspiration. Ils tirent en outre parti de l'étoffe de l'air et de la lumière pour les transmuer, *via* la photosynthèse, en matière vivante.

Ils entretiennent des relations privilégiées avec le ciel.

L'essentiel de la biomasse terrestre, du moins sa part aérienne, étant représenté par les arbres, nous devons considérer que leur nature surfacique n'est pas étrangère à ce succès. L'arbre sait s'appuyer sur lui-même, mais aussi et surtout sur le monde, quand nous avons plutôt tendance à le soumettre et à le plier à nos désirs. Quelle différence de postures !

Comme les arbres, s'ouvrir et s'offrir au monde, reconnaître comme *par-delà soi* ce qui n'est pas nous-mêmes, composer avec les forces externes plutôt que de vouloir les infléchir, voilà qui nous rendrait la vie plus facile. Les bergers savent de la sorte composer avec leurs moutons, qu'ils accompagnent plutôt qu'ils n'en forcent le chemin. Les paysans qui pratiquent encore l'écobuage savent conduire les feux d'une manière semblable. Et les pompiers préfèrent aussi composer avec les feux de forêt plutôt que de tenter de les stopper frontalement. Les bergers, les paysans et les pompiers ont quelque chose de commun avec les arbres.

Nous gagnerions à perdre en *hubris*, cet excès d'orgueil chevillé en nous, pour retrouver la *mètis*, cette « économie particulière des forces, du temps et de l'espace[46] », cette forme d'intelligence associant la souplesse d'esprit à l'attention vigilante. Elle seule permet de réagir à des situations ne se prêtant ni à la mesure, ni au calcul exact, ni au raisonnement rigoureux[47]. Tout se passe comme si les arbres ne connaissaient que la *mètis*.

S'il faut leur reconnaître une intelligence, c'est d'abord dans leur capacité, en se décentrant, à composer en permanence avec le monde.

Fusion

L'arbre fusionne avec son environnement. Il croît dans et avec ce dernier, de sorte que l'un et l'autre non seulement *poussent* et *se poussent* ensemble, mais se prolongent l'un l'autre. Il demeure difficile de les dissocier.

Une litière de feuilles en automne appartient-elle à l'arbre seul dont elle provient, ou ne relève-t-elle pas aussi déjà du sol auquel elle va se mêler ? Le sol lui-même, structure hybride conjuguant l'inerte au vivant, n'inclut-il pas les racines de l'arbre ? De même, l'eau que l'arbre évapore après l'avoir pompée au sol, dont il régule les écoulements et favorise la condensation dans l'air, cette eau sur laquelle les arbres ont une telle emprise qu'ils en tirent de la matière vivante en la combinant au gaz carbonique, est-elle vraiment dissociable de l'arbre ?

Les arbres ont si puissamment empoigné le monde qu'ils n'en sont plus séparables.

Nous avons coutume de dissocier de leur environnement les individus que nous envisageons, et les arbres n'échappent pas à ce principe. Cette séparation reste nécessaire à notre pensée analytique et sans cela, nous ne pourrions étudier les relations opérant entre individus et environnement. Elle n'en est pas moins arbitraire puisque, nous rappelle l'épistémologue Georges Canguilhem, « l'individualité du vivant ne cesse pas à ses frontières ectodermiques[48] ». Le vivant et le monde sont indémêlables car « vivre, c'est rayonner, c'est organiser le milieu à partir d'un centre de référence qui ne peut lui-même être référé sans perdre sa signification originale[49] ». On ne peut penser l'un sans l'autre. Tout fait corps.

Pour Merleau-Ponty, le sujet ne se suffit pas à lui-même et pour David Abram, la chair authentique d'un individu s'étend au monde alentour. Selon Kinji Imanishi, primatologue et philosophe japonais, la dissociation de l'individu et de l'environnement les désunit d'un même système qui seul fait sens. Ainsi écrit-il : « Notre corps et notre vie ne constituent pas un système achevé détaché du monde ; il n'y a donc pas de raison de les limiter à un corps individuel[50]. » Ce qui vaut pour les arbres vaut donc aussi pour les autres formes vivantes. Mais le lien insécable qui les agrège à leurs milieux respectifs n'est certainement jamais aussi fort.

Le changement climatique révèle que le devenir de la biosphère est lié à celui des arbres. Cela vaut aussi pour nous, qui sommes une composante de leur environnement. Le réchauffement de l'atmosphère menace la sécurité alimentaire mondiale et l'accessibilité à l'eau avec, pour conséquences attendues, des migrations de masse et des conflits sociopolitiques de grande envergure. Il est établi que le maintien de forêts en bon état constitue un prérequis majeur à la stabilisation du climat et des ressources en eau[51]. Fermer les yeux sur cet éclairage critique de la fusion des arbres avec le monde, et donc avec nous-mêmes, c'est négliger notre propre devenir.

Par évapotranspiration, les couverts forestiers rechargent l'atmosphère en humidité. Ils contribuent à des pluies locales ou plus éloignées, qu'ils provoquent par l'émission de substances volatiles agissant comme des noyaux de condensation de la vapeur d'eau. Ils favorisent l'infiltration des eaux de pluie qui, moins sujettes au ruissellement, rechargent les nappes phréatiques. Ils capturent aussi une partie de l'énergie solaire, qu'ils stockent puis redistribuent sous forme de matière organique. Mais les qualifier de climatiseurs naturels serait alors mal les nommer puisque la chaleur prélevée n'est pas dissipée à nouveau dans l'atmosphère. Bien plus heureusement, elle est convertie en énergie chimique au sein de la matière organique élaborée par photosynthèse.

Nous savons aussi que les racines des arbres communiquent souvent avec d'autres racines, émises par des individus relevant parfois d'autres espèces. Cette manifestation fusionnelle s'observe de manière plus fine encore au niveau des radicelles qui s'hybrident avec des filaments mycéliens de champignons pour former des mycorhizes, sortes de chimères souterraines.

Mais il est d'autres chimères encore puisque par-delà les mythes de Daphné, de Myrrha, de Cyparissus, des Héliades ou des Hamadryades, sous l'écorce de l'arbre s'anime souvent un corps de femme, certes imaginaire, mais selon une constance confondante. « Les arbres des forêts sont des femmes très belles dont l'invisible corps sous l'écorce est vivant », écrivait le poète Pierre Louÿs. Et le geste d'enlacement des arbres, en vogue aujourd'hui, rappelle celui d'Apollon enserrant le tronc du laurier sous lequel battait encore le jeune cœur de Daphné.

À Madagascar, le baobab est une mère, mère de la forêt (*reniala*), mère à laquelle sont parfois suspendus les linceuls enveloppant les corps des nourrissons morts en bas âge. Dans *Atala*, Chateaubriand évoquait tout autant des femmes suspendant leurs enfants morts aux branches d'un arbre, les balançant doucement au bercement de leur chant[52].

Partout dans le monde, la femme s'est métamorphosée en arbre. Partout, la forêt a conservé sa dimension matricielle. Partout, elle nous rappelle que dans notre long parcours évolutif de primate, elle a fusionné avec nous.

Contre-don

L'arbre s'attache auprès du monde animal des services liés aux fonctions de mobilité ou de prédation dont il ne dispose pas. Il puise ces services auprès de l'autre règne selon des procédures diverses, à la faveur d'un contre-don.

L'arbre représente un métaorganisme doté d'une métaphysiologie, pour lequel la part de micro-organismes associés dépasse de loin celle de ses cellules constitutives[53]. Il pratique un art du vivre-ensemble et de la collaboration élevé au plus haut niveau. Comme nous, il dispose d'un microbiote, vaste communauté de micro-organismes dont il tire parti pour assurer une partie de ses besoins vitaux. Il n'y a là rien de différent entre les plantes et les animaux. Chez les premières, ce microbiote est cependant davantage présent.

Les associations établies au niveau racinaire entre les plantes légumineuses et les bactéries fixatrices d'azote sont bien connues. Celles qui associent les fleurs aux bactéries le sont beaucoup moins.

Les fleurs représentent d'abord des ressources (nectar, pollen) pour le règne animal, mais constituent aussi parfois des habitats pour d'autres êtres vivants. Une équipe de biologistes de Barcelone a récemment révélé que l'adjonction de substances antibiotiques à large spectre sur des fleurs de sureau (*Sambuscus nigra*) rendait celles-ci moins odorantes[54]. Ils en ont déduit la présence de colonies de bactéries productrices de terpènes, détruites par les antibiotiques. Ces substances sont essentielles à la pollinisation puisqu'elles attirent les insectes qui en consomment le nectar, et se chargent involontairement de pollen lors de leur escale gastronomique.

Les fragrances les plus subtiles des fleurs correspondent donc parfois aux seules émanations du microbiote végétal. Mais dans le cas du sureau, et certainement chez une ample communauté d'espèces végétales, il s'agit d'odeurs florales directement émises par des bactéries. Là où les insectes et nous croyons humer des fleurs, nous inhalons parfois des fragrances bactériennes. Cette association entre fleurs et bactéries procède d'une véritable fusion. De manière semblable, nous savons désormais aussi que le goût des fraises est lié au microbiote du fraisier[55]. Voilà qui nous invite à changer notre regard sur les bactéries.

Attardons-nous sur une autre forme d'association symbiotique précédemment évoquée, dont nous commençons à peine à évaluer le rôle primordial dans le rayonnement du règne végétal. Les mycorhizes, associations biologiques fondamentales, ont été découvertes au milieu du XIXe siècle, mais leur rôle n'est connu que depuis les années 1950. Dans le cas des endomycorhizes, par opposition aux ectomycorhizes, le champignon ne reste pas en surface des tissus racinaires mais y pénètre jusque dans les cellules.

Les arbres, dont le système racinaire est de la sorte prolongé, comme c'est le cas pour 90 % d'entre eux, peuvent alors disposer sous une forme assimilable de nutriments peu accessibles, tels l'azote, le phosphore, le potassium, le magnésium, et des oligoéléments comme le cuivre, le zinc ou le manganèse. Le potentiel exploratoire racinaire est démultiplié au centuple par ces filaments mycéliens microscopiques, au diamètre n'excédant guère un centième de millimètre, et appelés *hyphes*. Innombrables et étendus, ils permettent aussi à l'arbre d'accéder à des ressources en eau supplémentaires, au-delà de la captation directement exercée par les racines. Les mycorhizes renforcent enfin les défenses des plantes contre les attaques de pathogènes, de parasites ou de ravageurs[56].

En rétribution de ces services vitaux, l'arbre fournit aux champignons, incapables d'en fabriquer, 20 à 40 % des sucres issus de la photosynthèse. Il arrive même que cette compensation concoure à freiner sa croissance, le contre-don surpassant le don. Ce que l'on pourrait surinterpréter comme une forme de « générosité » est encore mal compris.

La procédure symbiotique représentée par les mycorhizes est si vitale que les végétaux n'auraient pas aussi efficacement conquis les milieux terrestres s'ils n'avaient pu y recourir. De ce point de vue, les racines peuvent être interprétées comme des chambres de culture de champignons apparues chez les plantes primitives, à l'âge du Dévonien, il y a entre 360 et

416 millions d'années. Celles-ci seraient devenues en quelque sorte champignonnistes, pour reprendre un terme attribué aux fourmis coupeuses de feuilles pratiquant la culture des champignons. C'est à cette même période, à la faveur du rayonnement racinaire, que les prairies de plantes herbacées dépourvues de feuilles évoluèrent soudainement en forêts[57].

L'agriculture conventionnelle valorise malheureusement encore très mal ces associations fonctionnelles opérant sous terre. Si l'on fournit des apports nutritifs sous forme d'engrais à des arbres cultivés, ceux-ci cessent d'approvisionner les champignons symbiotiques, qui finissent par disparaître localement.

Si les arbres n'ont pas vocation à nous dicter nos modèles de vie sociale, tout au moins pouvons-nous méditer sur cette manière de vivre ensemble qu'ils manifestent sans heurts et qui leur réussit si bien. En cette époque de grande inégalité sociale, d'hypercompétitivité et de survalorisation de l'individualisme, le fonctionnement collaboratif de l'arbre, peu avare de contre-dons, pourrait judicieusement nous inspirer.

Sensibilité

La sensibilité du vivant le conduit à prendre lien avec les choses. En retour, c'est par la sensibilité que les choses perçues s'insinuent dans l'expérience vivante. Être présent au monde, c'est éprouver ce lien réciproque entre sa vie et son milieu. Cela exige de l'ouverture à ce qui n'est pas soi-même.

Telles sont les plantes. Si elles restent desservies pour la perception à distance, plutôt « aveugles » et « sourdes », donc peu aptes à la perception de l'espace, leur acuité sensorielle à l'égard des stimuli tactiles ou chimiques est confondante. Les surfaces sensibles que forment les végétaux détectent ce qui nous est indécelable : faibles vibrations produites par le déplacement d'un minuscule objet vivant ou inerte, molécules éparses flottant dans l'air, rafales de photons que projette la fontaine solaire, molécules d'eau glissant dans un silence qui n'en est pas un, etc. Peu leur échappe dans leur proximité.

La plante discrimine-t-elle ces stimuli les uns des autres ? Par exemple, la feuille d'un plant de tabac qui perçoit les vibrations produites par la reptation et le jeu des pièces buccales d'une chenille de sphinx, en même temps qu'elle réagit chimiquement aux composants salivaires de l'insecte, dissocie-t-elle les deux types d'information du point de vue de sa perception ? Ou bien ceux-ci n'agissent-ils pas plutôt de manière synergique et inséparable, et donc synesthésique ? De même que notre vue et notre ouïe fonctionnent parfois tel un organe unique hyperattentif[58], par exemple quand nous observons un chien aboyant après nous, il est concevable que les plantes fonctionnent de manière similaire.

La perception végétale relevant de toutes les cellules, et non d'entités spécialisées, un autre niveau de complexité intervient. L'arbre peut s'envisager comme une entité composite fédérant des unités de vie représentées par ses bourgeons et leur développement[59]. Comme métaorganisme, ou comme être multiple intégré pour reprendre la formulation de Goethe, il dispose d'une forme de métasensibilité. En l'absence de cerveau ou d'organe équivalent, et de tout dispositif de coordination analogue, il jouit d'une sensibilité plurielle, dotée de niveaux d'intégration emboîtés. En raison de sa structure modulaire, il est tel un kaléidoscope dont les multiples facettes sensibles sont elles-mêmes des kaléidoscopes aux multiples facettes sensibles, et ainsi de suite. La sensibilité de l'arbre est fractale dès lors que sa structure architecturale est elle-même fractale. De même, sa cohérence sensible tient à sa cohérence structurale. Les arbres ont une manière désindividuée de percevoir le monde que nous ne pouvons pas même nous représenter.

La fleur est composée, comme l'arbre entier, d'un ensemble de surfaces sensibles. Les pièces florales constituent, pour reprendre le point de vue de Goethe, le produit de métamorphoses foliaires[60]. Cette évolution dans la constitution du végétal ne s'est pas nécessairement accompagnée d'une perte de sensibilité des feuilles devenues pièces florales. Il est plus vraisemblable que la fleur constitue une part particulièrement sensible de la plante. La réduire à un ensemble de pièces reproductrices, voire à un organe de reproduction, est manifestement réducteur.

Il est regrettable que la sensibilité végétale soit étudiée beaucoup plus chez les feuilles que chez les fleurs. Comment pourtant imaginer que les fleurs d'une plante dite entomophile (dont la pollinisation est assurée par des insectes), vouées à une rencontre intime avec un autre être vivant, ne disposent pas d'une acuité sensuelle exacerbée ? Si c'est un grand progrès d'avoir admis une sexualité chez les fleurs puisque cela restait encore inconcevable jusqu'à 1694, année de publication du *De sexu plantarum epistola* de Rudolf Jakob Cameriarus, il nous reste encore à saisir ce qu'est le sens premier de ces excroissances sensibles dont la reproduction n'est peut-être qu'une des fonctions, même si elle n'en est certainement pas la moindre. La fleur est un attracteur[61] tourné vers l'altérité vivante qui ne connaît pas d'équivalent dans d'autres parties de la plante.

Dans son livre *Brilliant Green*, le botaniste florentin Stefano Mancuso attribue aux plantes une vingtaine de sens différents[62]. Assez curieusement, il n'évoque pourtant la sensibilité végétale au vivant qu'en relatant les prouesses très particulières d'une plante carnivore, la dionée attrape-mouches. Or la sensibilité de la plante à l'altérité vivante est consubstantielle de tout végétal. Elle culmine toutefois chez l'arbre. C'est peut-être sa sensibilité à toutes les formes du vivant qui le caractérise le mieux.

L'arbre traduit au plus haut point la sensibilité de la vie à la vie.

CHAPITRE III

Vivre par-delà soi

L'arbre se confond avec sa relation au monde, comme il se confond avec une surface sensible. Il est en présence au monde, s'y ajuste et s'y prolonge. Il se transforme selon un élan intérieur qui l'extrait de son *en soi*, hors de ses frontières.

L'élan de l'arbre le façonne, l'étire et le décentre. Ne plus être enfermé en soi, consentir à une poussée intérieure, c'est se scinder, se dédoubler, se cloner. C'est, renonçant à soi, davantage exister selon une réitération modulaire de sa structure organique.

Cette réitération intervient sur l'édifice de l'arbre, parfois à la faveur d'un drageon qui, quelques mètres plus loin, reproduit une figure essentielle. Une forme de dédoublement en cascade opère selon une expression architecturale[63] propre à l'espèce, conduisant à une arborescence spécifique, avec les continuités et les rythmes qui la sous-tendent.

La sculpture de l'arbre résulte alors de la conjugaison de ces forces endogènes modulaires et de forces externes de l'environnement[64]. L'arbre forgeant son milieu, ces deux jeux de forces ne sont toutefois pas dissociables. L'intériorité et l'extériorité de l'arbre font système. Sa figure et celle de son milieu s'ajustent selon des mutualités et des réversibilités sensibles.

Un et plusieurs

Se clonant sur lui-même, l'arbre se désindividue. Dans sa progression dans l'espace, il étend sa forme selon un module clonal défini, une image élémentaire qu'il multiplie jusqu'à atteindre une forme complète, cependant à jamais indéfinie.

Il se densifie, année après année, à la mesure de sa ramification. Chaque niveau d'arborescence dérive d'un module premier. Se complexifiant et se densifiant, se dissociant cependant, l'arbre paraît s'individualiser. Le tronc unitaire nous trompant, nous cédons à un zoocentrisme en projetant dans le végétal notre animalité. Tandis que l'arbre se disperse dans l'espace au bénéfice d'une existence à la fois singulière et plurielle, nous le voyons alors se rassembler en une masse unitaire et cohérente.

L'unitaire et le communautaire coexistent pourtant chez l'arbre sans que l'un ne prenne le pas sur l'autre.

Toujours bourgeonnant, parfois drageonnant, l'arbre reproduit ailleurs l'essentiel de lui-même, sous la forme dérivée d'un module unitaire qui bourgeonnera à son tour. Il demeure telle une fédération modulaire intégrée[65], dont chaque descendance clonale participe encore de lui-même.

L'œuvre de Sébastien Woznica, « arborisculpteur » façonnant des arbres aux contours complexes en recourant à une bobine de fer continue de plusieurs dizaines de mètres, rend artistiquement compte de la continuité constitutive de cette fédération. Cette fédération clonale végétale procède d'une continuité organique, matérielle et fonctionnelle. Les échanges entre unités clonales portent sur des substances nutritives, des phytohormones ou des fragments de matériel génétique.

Il nous est malaisé d'interpréter cette capacité à s'autocloner sans que les clones descendants ne se déconnectent les uns des autres. Dans notre représentation usuelle, le clonage est un artifice permettant la reproduction asexuée d'une brebis, d'un cochon ou, désormais, d'un macaque[66]. Il révèle un pouvoir immense permettant, *via* la culture cellulaire en éprouvette, de conférer à l'animal une disposition observée chez le végétal. Chez ce dernier en effet, le bouturage, le marcottage ou le bourgeonnement sont des formes de clonage omniprésentes.

À nos yeux d'êtres humains, tout clonage produit des individus indépendants. De la même manière, notre réalité animale rend inconcevable la capacité de l'arbre à être un et plusieurs ou, ce qui revient au même, à n'être ni l'un ni l'autre. L'inadéquation organique entre l'animal et le végétal ne nous échappe pourtant pas puisque si nous reconnaissons dans l'arbre un tronc, une tête, un pied, ou même des yeux (bourgeons), nous n'y voyons jamais de corps. Cependant, la tentation de voir l'arbre à notre image l'emporte toujours.

Le triomphe de l'arbre au sein des expressions vivantes révèle que la conciliation de l'un et du plusieurs est fortifiante. Au sein du vivant, l'individu et la communauté ne s'opposent pas dès lors que l'un et l'autre consentent à s'immerger dans le monde, dans un même élan par-delà soi. Dans les sociétés humaines en revanche, l'individualisme et le collectif cohabitent mal.

Pourtant, lorsque nous rêvons, nous sommes des personnages rêvés libres de leurs propos et de leurs actes. De même, la coexistence de plusieurs *soi* en nous-mêmes ne devient pathologique que si l'un de ces *soi* en rejette un autre. Il y a un peu, en nous, de la manière d'être des arbres ; mais elle demeure en sommeil.

La constitution fédérative de l'arbre nous repose la question de sa mort. À quel moment cette fédération meurt-elle ?

Cette seule question est bien plus légitime chez un arbre que chez une colonie de polypes constituant le corail, à laquelle il est souvent rapproché selon une structure modulaire dite *coloniaire*[67]. Dans la mesure où, dès lors qu'ils sont sexuellement différenciés, les populations de polypes vieillissent et meurent, il ne s'agit que d'une analogie très imparfaite[68]. S'agissant de l'arbre auquel aucune autre structure vivante n'est comparable, comment circonscrire la mort d'un tel collectif qui n'en est pas tout à fait un, et selon quelle étape ultime cette structure fédérative disparaît-elle tout à fait ?

Des civilisations, Marcel Camus disait qu'elles ne meurent pas si aisément[69]. Il en est de même des arbres, fussent-ils généalogiques.

C'est que le non-confinement de l'arbre dans l'espace se prolonge dans son inachèvement dans le temps. Par le jeu des méristèmes, fontaines de vie toujours renouvelées à la terminaison des bourgeons, même le plus vieux des arbres demeure indéfiniment apte à s'étendre dans l'espace[70]. Si sa forme semble se stabiliser selon une figure définitive, si sa croissance semble s'arrêter, ce n'est qu'illusion de notre part. Poussé par d'intarissables sources intérieures, l'arbre ne cesse de croître, même de quelques millimètres seulement dans ses dernières années, et s'agrandit même encore de quelques nouveaux modules clonaux. Sa fécondité (production de fleurs et de fruits) ne s'altère que rarement avec l'âge et au contraire, se stabilise le plus souvent, voire augmente[71].

Selon Howard Thomas, biologiste à l'Université d'Aberystwyth (Royaume-Uni), la seule forme du temps qui paraît peser sur l'arbre est ce qu'il nomme le *temps thermique*[72]. Nous savons que les légumes que nous conservons au réfrigérateur se détériorent moins vite qu'à température ambiante. Et, observe-t-il, seul ce *temps thermique* parvient à conférer à l'arbre une apparence d'arbre mort, comme c'est le cas dans nos contrées en hiver, lorsqu'il se dépouille de ses feuilles.

Et lorsque l'arbre meurt vraiment, ce n'est jamais de son fait. Un arbre ne meurt jamais de sa belle mort mais parce qu'une force externe l'a déraciné, brisé, corrompu ou brûlé. Même chez le plus vieil arbre connu au monde, le fameux arbre de Mathusalem, un pin (*Pinus longaeva*) âgé de 5 067 ans, des études ont montré qu'il ne présentait aucune déficience physiologique et conservait une pleine vitalité, en relation avec le maintien de l'intégrité de ses méristèmes[73].

À quel moment, forcé par un événement externe, un arbre passe-t-il alors de vie à trépas, et comment pouvons-nous penser cette mort ? L'énigme du grand passage vaut peut-être plus encore pour les arbres que pour les hommes.

Altérité

Pour lui enseigner l'altérité, Montaigne conseillait à chacun de ses lecteurs de « frotter et limer sa cervelle contre celle d'autrui[74] ». Le végétal ne disposant pas de cerveau (n'en déplaise aux adeptes d'une certaine pensée magique contemporaine à l'égard des plantes), le regard que nous projetons sur l'arbre ne trouve d'acuité que si nous l'envisageons selon sa pleine altérité.

Il s'agit, face à l'arbre, d'opérer un mouvement intérieur nous décentrant de nous-mêmes. À défaut, notre regard rebondit sur un miroir dressé entre lui et nous.

Si nous ne reconnaissons pas en l'arbre un sujet, non plus seulement un objet à notre ressemblance, alors nous n'entreverrons jamais de lui que notre reflet. En résultent des fantasmagories sur des arbres produisant des auras que seule l'innocence des enfants détecte, lisant dans le trouble de nos pensées, ajustant leur production de protéines à des mélodies, ou vivant entre eux selon des schémas familiaux. Tout cela circule aujourd'hui sur les lèvres.

Nous n'accordons plus aux plantes la possibilité d'être elles-mêmes. Leur capacité à être au monde, à s'y lier selon des voies sensibles diverses et inventives, voilà qui ne paraît même plus nous intéresser. Comme nous peinons à envisager l'autre selon ses différences et ses spécificités ! Par son décentrement, sa capacité à dépasser son propre soi pour se lier au plus que soi, l'arbre chemine au contraire vers l'autre et s'y prolonge.

Le soi de l'arbre n'est séparé ni de l'autre, ni du monde tout entier.

Aptes à se reconnaître elles-mêmes par proprioception, les plantes reconnaissent-elles leurs voisines génétiquement proches ? Cette hypothèse a inspiré le titre de *Family Roots* (Racines familiales) à un article publié en 2007 dans la revue *Nature* par les biologistes américains Ragan Callaway et Bruce Mahall[75]. Ils y ont évoqué la capacité de *Cakile edentula*, plante herbacée américaine de la région des Grands Lacs, à ne pas concurrencer le développement racinaire de parents génétiquement semblables, et à être moins précautionneux à l'égard des autres. Mais ici se confondent la reconnaissance de l'autre et celle de soi. Or, « au sein du monde végétal, il importe de ne pas envisager la reconnaissance des siens comme la seule détection d'une appartenance clanique, mais comme une conséquence du caractère pluriel intégré de la plante. La reconnaissance de soi et de l'autre semblable à soi procède du même processus d'intégration de ses parties[76] ». Les plantes ne distinguent pas leurs clones ou les avatars d'elles-mêmes.

Des substances nutritives peuvent passer d'un arbre à un autre par la voie mycorhizienne. Les arbres établissent ainsi entre eux une relation de continuité physique, procédant à des flux de matière et d'information. En ce sens, ils communiquent, mais sans doute à peine davantage que ne le feraient des vases communicants, même s'il s'agit ici de transports actifs. Envisager que ces flux traduisent une forme d'empathie ou d'entraide relève d'une surinterprétation qui s'ajuste mal à la réalité des arbres. Leur dimension clonale suffit à les expliquer.

La nature ne convie pas les arbres à fonctionner tels les humains.

Inachèvement

Tout arbre paraît suspendu à son devenir. Jamais il ne s'arrête, jamais ne revêt une forme définitive. Son expansion dans l'espace n'est circonscrite par aucun plafond de verre, aucun plancher sous terre, aucune cloison latérale. Il n'est jamais totalement constitué, mais demeure toujours inachevé.

Comme l'indique son radical *arb* d'origine indo-européenne, l'arbre est la croissance même. Il s'étend, se renouvelle, alterne des physionomies saisonnières, se redessine jour après jour. L'écorce ridée ou les branches parfois lasses, mais ne gardant jamais que peu de chose de son passé, il demeure en devenir et reste perpétuellement jeune. La forme générale de l'arbre est une figure sommaire et pétrifiée de son histoire, que prolonge une inextinguible et foisonnante figure de jeunesse. Se sentant vieillir, le poète Pierre de Ronsard s'émouvait de tant d'insolence : « Bois, bien que perdiez tous les ans en l'hiver vos cheveux plaisants, l'an d'après qui se renouvelle, renouvelle aussi votre chef : mais le mien ne peut derechef r'avoir sa perruque nouvelle[77]. »

Vie et mort cohabitent en l'arbre, avançant l'une et l'autre selon une même cadence : chaque année, l'arbre abandonne les tissus de l'an passé à la mort, et en fait naître d'autres en périphérie. En l'arbre, écrit Francis Hallé, « le vivant enveloppe le mort[78] ». C'est une victoire permanente sur l'anéantissement. Pour échapper à la mort, l'arbre s'élargit, se dépasse, se dilate alentour de soi. À moins qu'une force adverse le jette au sol, il ne sait mourir que dressé vers le ciel, avec élégance et panache. S'il partage avec l'homme la posture verticale, lui seul la conserve au-delà de la mort.

Théophile Gautier s'en émouvait : « Sans regretter son sang qui coule goutte à goutte, le pin verse son baume et sa sève qui bout, et se tient toujours droit sur le bord de la route, comme un soldat blessé qui veut mourir debout[79]. » Jules Renard observait : « Ils mettent longtemps à mourir, et ils gardent les morts debout jusqu'à la chute en poussière[80]. » Et Maurice Genevoix à son tour : « Cela met longtemps à mourir, un arbre[81]. »

Comme être multiple intégré cependant, s'il se renouvelle chaque année, l'arbre n'en perd pas moins ses individualités constitutives élémentaires et meurt assurément, au moins partiellement, pour renaître à la belle saison. Et si les méristèmes de ses bourgeons, fontaines de jouvence, ne tarissent jamais, il abandonne chaque automne la plus grande part de lui-même. Il compose avec la mort mais il ne la supplante pas.

Comme chez les animaux, les cellules végétales sont en outre soumises à des mécanismes de mort programmée[82]. Elles sont vouées à l'apoptose (du grec *apo*, « au loin » ; et *ptosis*, « chute »), qui désignait justement, en grec, la chute des feuilles et des pétales chez les plantes. On l'observe en particulier dans le xylème, système de vaisseaux permettant la circulation de la sève brute chez les végétaux supérieurs. Ces vaisseaux sont formés de cellules mortes jointes bout à bout. Au cours de leur formation, et à l'instant de mourir, les parois des cellules de ce xylème s'enrichissent en lignine, ce qui confère à l'arbre sa résistance mécanique. Puis ces cellules se vident. La xylogenèse est le produit d'une mort programmée[83].

En chaque arbre, l'élan de croissance et l'élan de vie se confondent. L'arbre grandit, dans le meilleur des cas, jusqu'aux limites qu'imposent les lois de la physique. Sa sève brute doit pouvoir circuler depuis les terminaisons des racines les plus profondes jusqu'aux feuilles les plus élevées. Elle ne parvient au sommet qu'à la faveur d'une aspiration formidable, générée par la transpiration des feuilles, qui peut dépasser 200 bars. Pour soutenir une colonne d'eau de 120 mètres, comme c'est le cas des plus grands eucalyptus, le rayon du ménisque d'évaporation ne doit pas dépasser 0,12 micromètre. Or, le ménisque présent dans le xylème présente un rayon de courbure trente à quarante fois moins élevé, si bien que la colonne d'eau pourrait théoriquement monter beaucoup plus haut.

Mais l'arbre le plus grand jamais mesuré était un eucalyptus (*Eucalyptus regnans*) qui n'atteignait « que » 132,6 mètres. La limite physique à la hauteur des arbres est en réalité d'ordre mécanique. Elle tient à la capacité de la base du tronc à supporter la masse totale de l'arbre. Certains séquoias pèsent plus de 2 000 tonnes, mais il ne semble pas possible pour un arbre, mécaniquement parlant, de dépasser une telle masse.

La « pompe à eau », qui est en réalité une succion, résulte de l'entrée de l'eau par osmose dans les racines, de sa progression par capillarité dans les vaisseaux conducteurs du tronc, et de la transpiration foliaire. Elle doit demeurer toujours active, y compris quand l'eau se fait rare. Toute rupture de charge, accompagnée par une production de bulles, s'avère dangereuse car elle produit une embolie dans la circulation de la sève. Se produit alors un phénomène de cavitation momentané, traduit par une onde acoustique qui, immanquablement, éveille notre imaginaire. Certains voudraient y déceler, davantage que des borborygmes, un véritable langage. Mais s'ils échangent assurément des signaux chimiques, et s'ils sont constitutivement interactifs, les arbres ne parlent entre eux que dans les fictions.

Contingence

Nous sommes naturellement sujets aux idées fixes. Dans leurs formes, leurs places et leur devenir, les arbres demeurent au contraire peu déterminés.

Ils n'ont pas d'*idées* arrêtées, ce terme étant ici à prendre dans le sens que lui donnait Platon. L'idée ou *eidos* se rapporte en grec à une forme essentielle, propre à échapper « aux processus de croissance et de corruption, aux perturbations et aux changements cycliques communs aux choses visibles[84] », comme l'exprime David Abram. Au contraire, les arbres sont inscrits dans la concrétude du monde, dont ils suivent les inflexions, les conjugaisons du hasard et des nécessités, en composant avec ses contingences.

Le végétal dispose d'une plasticité morphologique très supérieure à celle de l'animal, avec des variations de forme, de taille et de teinte. À moins d'être associées à un habitat spécifique dont elles sont alors des indicatrices, les plantes sont généralement aptes à croître dans un panel de conditions environnementales assez large.

Elles tolèrent même l'acclimatation forcée exercée par l'homme d'un bout à l'autre de la planète, puisque près du quart des espèces de plantes à fleurs ont été déplacées à ce jour. Rares sont les espèces d'arbres dont les graines n'ont jamais été dispersées par l'homme. Parcs, jardins de case ou d'agrément, vergers des quatre coins du monde, arboretums, agroforêts ou forêts plantées, recomposent les communautés d'arbres. Dans ces lieux privilégiés, l'arbre fait l'apprentissage de nouveaux voisinages et de nouveaux partages.

Les arbres sont peu regardants sur l'espace et le temps, avec lesquels ils jouent selon beaucoup d'adaptabilité. Le règne végétal est celui de la souplesse, et la flexibilité des arbres est souveraine. La dispersion des graines, prélude à leur germination ultérieure, traduit le mieux l'adaptabilité des arbres aux contingences de temps et de lieu.

Pourtant, sans doute parce que le temps des arbres n'est pas celui des hommes, les noms que nous avons donnés aux arbres rendent peu compte de leur aptitude propre à voyager dans l'espace ou le temps. L'idée même de voyage ne transparaît que dans les noms de plantes herbacées ou de palmiers. Ainsi en est-il par exemple de la garance voyageuse (*Rubia peregrina*), petite plante lianescente dont les feuilles s'agrippent aux jambes du passant, ou du ravenale (*Ravenala madagascariensis*), dit aussi arbre du voyageur, palmier malgache dont le nom se rapporte aux marcheurs dont il étancherait la soif.

Il n'y a pourtant plus vagabond qu'un arbre, du moins durant sa phase dévolue au voyage. Affranchi de sa matrice marine, il est constitutivement forgé pour voyager vers des terres inconnues. Pour ce faire, il prend alors la forme d'une graine et, libéré de l'ancrage racinaire, s'abandonne aux contingences du lieu et du moment en se remettant à la prise du vent, au bec de l'oiseau ou au glissement de l'eau. Cela commence par un rapt, et beaucoup des graines se perdent, détruites, dévorées, déposées en des endroits impropres à la germination. Au terme du voyage, quelques autres échouent cependant dans leur intégrité vivante.

En chacun de ces échouages, il y a une promesse d'arbre.

Par ces semences déposées çà et là selon une libre composition, loin, très loin parfois des branches dont elles se sont affranchies, les paysages d'arbres se recomposent. La part du hasard dans la structure spatiale des communautés d'arbres au sein des forêts tropicales a été évaluée par des analyses statistiques. C'est elle qui domine, au-delà des facteurs environnementaux, pour une part allant de 50 à 60 %[85]. L'arbre est un aventurier.

Un arbre enraciné au sol ne peut librement investiguer un autre site, comme le ferait un animal dont le devenir serait compromis par une soudaine contrainte environnementale. Il se contente de patienter dans l'attente de jours meilleurs. De très jeunes arbres peuvent rester à l'affût durant des dizaines d'années sous un couvert forestier, avant que celui-ci ne s'ouvre à la chute d'un arbre adulte, et les extirpe de leur apparente somnolence.

La vie ralentie permet de s'extraire de l'emprise du temps, dans l'attente que l'espace redevienne favorable. La fuite animale a son équivalent dans la *quiescence* végétale (du latin *quies*, « repos »), évoquée plus haut pour les plants en attente de croissance dans la pénombre d'un sous-bois, ou dans la *dormance* observée chez des graines semblant retirées du monde vivant, vouées aux apparences minérales, inaptes au moindre frémissement de matière. Tout alors repose en suspens. Dans la graine, un embryon. Et dans l'embryon assoupi, un élan contenu, une étincelle suspendue.

Les mois, les années, les décennies et les siècles passent parfois sur ce sommeil vivant de graine-cendrillon. Près de deux mille ans pour ces graines de palmier dattier (*Phoenix reclinata*) retrouvées dans la forteresse de Massada, en surplomb de la mer Morte. Ces graines ont germé. Le record appartient toutefois à *Silene stenophylla*, une petite silène herbacée dont plusieurs graines ont également germé après être restées prisonnières d'un permafrost sibérien durant trente-deux mille ans.

Pour les arbres – le palmier n'en étant pas tout à fait un –, il faut s'en tenir plus modestement à quelques siècles, avec des records observés au sein de la famille des *Mimosaceae*. En 1940, l'incendie qui suivit le bombardement du British Museum par l'aviation allemande provoqua la levée de dormance de graines d'arbre à soie (*Albizia julibrissin*) récoltées en Chine en 1793, soit cent quarante-sept ans plus tôt. Ce lot de graines a réalisé un voyage spatio-temporel probablement sans équivalent dans l'ensemble de la communauté des arbres.

Connexion

Nous sommes invariablement invités à nous déconnecter de l'Internet. Nous entendons parfois dire que Steve Jobs, cofondateur de la firme Apple, se méfiait lui-même des écrans. La surconnexion, dénuée de tout bouton d'arrêt, devenue addiction comportementale, grignote notre temps libre. En France, nous passons en moyenne dix-huit heures par semaine sur la toile ; la moitié d'entre nous est inscrite à au moins un réseau social, et plus de neuf personnes sur dix partent en vacances avec au moins un appareil pour ne pas encourir la souffrance de la déconnexion…

Or nous apprenons que les arbres vivent eux aussi en réseaux et ne savent pas même *débrancher*. Le monde vivant semblerait voué à se connecter. Un même arbre peut être connecté aux filaments mycéliens de plusieurs centaines d'espèces de champignons, et un seul champignon peut former des mycorhizes sur les racines d'une dizaine d'arbres, y compris des arbres d'espèces différentes[86]. De là à prendre les arbres pour des « geeks » ultra-communicants, il n'y a qu'un pas qui sera peut-être bientôt franchi, tant est puissante notre propension à vouloir que les arbres nous ressemblent.

N'en faisons cependant pas trop dire au terme de *connexion* lorsque nous l'appliquons aux arbres. Ceux-ci sont certes fortement connectés entre eux, comme ils le sont aussi avec l'ensemble du monde vivant, par des voies structurelles ou fonctionnelles souterraines ou aériennes. Mais cette nature « interfacique » de l'arbre devrait constituer l'objet même de notre émerveillement. Sa capacité à se prolonger dans l'autre, cet autre n'étant pas nécessairement un arbre, est en soi admirable, sans qu'il faille nécessairement y voir l'expression d'une communication, voire d'une intelligence en réseau.

La vie des arbres n'est pas si secrète. Elle n'a rien à nous cacher. Elle procède en revanche d'un décentrement très avancé, posture qui devrait à elle seule susciter notre admiration d'individus bien davantage autocentrés.

Nous aspirons parfois nous-mêmes à une connexion avec les arbres, en nous liant physiquement à eux, comme si la vie passait de l'un à l'autre, le temps d'un enlacement. Émile Verhaeren procédait comme tel avec l'arbre qu'il chérissait : « J'allais vers lui les yeux emplis par la lumière, je le touchais avec mes doigts, avec mes mains, je le sentais bouger jusqu'au fond de la terre d'après un mouvement brutal et surhumain ; et j'appuyais sur lui ma poitrine brutale, avec un tel amour, une telle ferveur, que son rythme profond et sa force totale passaient en moi et pénétraient jusqu'à mon cœur[87]. » Ce type de connexion est souvent proposé et pratiqué dans des pratiques alternatives liées au maintien du bien-être. Autre forme d'anthropomorphisme, qui connaît un grand succès dans nos sociétés occidentales... Je n'ai pas connaissance que les chamans, assurément bien plus proches des plantes que nous le sommes, aient eux-mêmes ce type de pratique.

Si l'on peut reprocher aux « scientifiques de la nature » de vouloir faire du monde vivant une affaire de connaisseurs, alors que chacun jouit d'une légitimité à faire valoir sa propre connexion au vivant, même symbolique, cela ne justifie pas de dénaturer les faits scientifiques en les travestissant en de nouvelles croyances. Il s'agit bien aujourd'hui de retisser des attachements authentiques avec le vivant, et de rompre avec les formes de distanciation sensible qui menacent son devenir. Il ne s'agit pas de réenchanter illusoirement le monde en prenant le rêvé pour le réel.

Tout

Évoquant les connexions mycorhiziennes opérant dans le sol, le biologiste anglais Alan Rayner a eu une belle expression : « Un arbre n'est jamais seul[88]. » Ne jamais être seul est cependant le propre de tout individu vivant, dont aucun ne se maintient sans relations avec ce qui n'est pas lui-même.

En ce sens, l'individu est une virtualité dans la mesure où il n'est pas isolable de son milieu. Pour *être*, il lui faut se fondre avec ce qui n'est pas son propre *en soi* : il lui faut *exister*, au sens de *ex sistere*, qui signifie « être dehors » en latin. Chaque individu fonde son propre milieu, avec lequel il noue une relation essentielle. Augustin Berque, figure contemporaine de la mésologie (ou science des milieux), évoque ce « couple dynamique formé par l'individu et son milieu[89] », ajoutant que ce couple est la réalité de l'humain dans sa plénitude existentielle. Il faut dès lors distinguer le *milieu*, propre à tout individu, de l'*environnement*, qui couvre des réalités plus larges, et dépasse l'ensemble des milieux de tous les individus.

L'arbre revêt ici une place toute particulière. Son milieu, sans se confondre avec l'environnement, revêt en effet une singularité saisissante. Le couple dynamique arbre-milieu présente une grande intensité d'existence mutuelle. L'arbre infléchit et façonne, une à une, les composantes de son milieu. Il dépend en retour fortement de ce dernier dont, ancré en lui, il ne peut s'affranchir.

Ce couple procède d'une formidable boucle rétroactive qui se confond avec l'essence même de l'arbre.

Il en est de l'ajustement mutuel de l'arbre à son milieu comme il en est de celui de la forêt au monde. L'étymologie du mot *sylve*, jadis donné à la forêt naturelle, nous invite à ce même constat de recouvrement intime entre la forêt et le monde. Pour les Grecs en effet, la *hylé* est la matière première, par opposition ou complément à la forme et l'essence. Ce terme signifie également bois, arbre ou *sylve* dont le terme dérive directement. C'est dire le caractère prédominant que notre pensée accorde à la forêt pour nous représenter le monde, même 300 000 ans après l'avoir quittée.

L'humain fonctionnerait-il à l'envers de l'arbre en malmenant, voire en ravageant son propre milieu avec lequel il entretient parfois un rapport de terreur ? Les effets de la dégradation de l'environnement, avec toutes ses conséquences délétères, sont assurément terrifiants. Pourtant, il arrive qu'à la faveur d'un lien sensible avec leur milieu, les hommes contribuent à sa préservation, mais aussi à sa libre expression, dans une relation harmonieuse. L'agroécologie, synthèse de pratiques humaines productives conciliantes et attentives à l'égard du vivant, forme ainsi un creuset fécond où convergent nos aspirations profondes. Il n'est pas étonnant que les agroécologues soient prompts à intégrer des arbres dans leurs systèmes de production. Sans doute y voient-ils non seulement un lieu d'expression de processus écologiques vertueux, mais aussi une fusion heureuse entre l'individu humain et son milieu.

Les écologues sont sensibles à l'idée d'un *tout*. Le concept d'écosystème en est une illustration. Ils sont aussi souvent tentés d'assimiler la forêt à une entité fonctionnant selon les formes et les fonctions d'un organisme vivant. L'écologue américain Frederic Clements proposa en 1916[90] une nouvelle vision de la forêt la rapprochant d'un organisme dont l'état de maturité serait le *climax*. Le climax naît, se développe et se reproduit à l'image de l'organisme individuel auquel il est identifié[91]. Si cette représentation organismique est tombée en désuétude aujourd'hui, nous aspirons *a minima* à entrevoir les grands massifs forestiers comme les poumons de la Terre. L'hypothèse Gaïa, superorganismique par excellence, repose elle-même en bonne partie sur la place des forêts dans la régulation des grands flux hydriques ou gazeux.

La forêt demeure à nos yeux un *tout* prédominant, qui contient le monde en retour. C'est un *tout* non seulement vivant, mais que nous personnifions. Combien de fois n'avons-nous pas éprouvé, lors d'une promenade en forêt, au-delà des manifestations vivantes éparses sollicitant notre attention, la sensation d'une présence plus obscure et plus entière ?

Le philosophe Benoît Desombres en fait aussi le constat : « Parfois, ce qui domine est une étrange impression d'encerclement. Nous avons la sensation d'être cernés par des yeux qui nous regardent, par des voix qui nous interpellent. Et pourtant, il n'y a personne que nous puissions identifier. C'est la forêt tout entière qui nous étreint, qui nous observe et qui s'adresse à nous[92]. » En ces occasions, nous n'échappons plus à l'emprise des arbres qui redeviennent notre milieu. La distinction entre eux et le monde alors s'évanouit.

Le temps de notre rêverie, la forêt redevient *tout*.

CHAPITRE IV

Accord symphonique

L'arbre ne s'oppose pas, contrairement à ce que La Fontaine nous a laissé croire par sa fable du chêne et du roseau. Il s'agit bien là d'une fable car aucun arbre ne se risquerait à donner une trop forte prise au vent. Il suffit d'observer une forêt lors d'une bourrasque, le balancement des cimes, la molle inclinaison des feuillages, le vol de feuilles arrachées qui sont autant d'opportuns lâcher-prises, pour se persuader de l'extraordinaire souplesse des arbres.

L'arbre compose avec l'adversité. Cette manière d'être génère dans la figure de chaque arbre des lignes, des courbures et des formes qui ont en commun d'être harmonieuses. Pas un peintre, pas un poète, pas un esthète qui ne contemple les arbres. En chaque arborescence, il semble prévaloir un accord symphonique, une concorde troublante qu'il serait vain de rechercher ailleurs. Cela lui vient de la lente ontogenèse de l'arbre au cours de laquelle, patiemment, il ne cesse de s'ajuster à lui-même et au monde.

Sans doute gagnerions-nous à sonder les principes de cette harmonie consubstantielle aux arbres, pour notre bien-être comme pour celui de la biosphère. Nous y trouverions davantage de fluidité et de souplesse. Nous redécouvririons aussi combien nos affinités artistiques s'accordent elles-mêmes aux arbres.

L'arbre s'ajuste même à notre existence, se recompose et s'insinue dans des espaces que nous avons pourtant bouleversés. Son alliance avec le Soleil le rend, sur le long terme et à de vastes échelles spatiales, à peu près invulnérable. Tel le phénix, et dans la mesure où nous ne compromettons pas son devenir et la possibilité de s'ancrer à son milieu, il renaît de ses cendres.

Nous serions bien inspirés de nous ajuster à sa présence en retour, de réapprendre ainsi à habiter le monde. Nous gagnerions à retrouver notre lointaine forêt perdue, à préserver ainsi nos propres chances de survie, et mieux encore, à reconquérir de la sorte ce bien-être qui semble nous avoir désertés.

Musique

L'origine de la musique reste controversée et soulève trois options possibles. La *protomusique* serait née d'une répétition volontaire de sons et de motifs rythmiques entendus ou perçus dans notre propre corps, du glissement progressif dans les intonations du langage que l'on entend dans les langues orientales, ou bien de la dérivation de cris exprimant des émotions et visant en retour à contrôler ces dernières[93]. Elle présenterait l'intérêt fonctionnel d'attirer des partenaires sexuels et de contribuer à structurer et délimiter des entités sociales[94].

Il n'y a rien à voir ici avec les arbres, et pourtant…

Tout d'abord, l'arbre nous guide dans notre écoute du monde et de la richesse de ses émanations sonores. Lorsque le vent s'y engouffre, rappelait le penseur chinois Tchouang-tseu au IVe siècle avant J.-C., il s'en échappe des sons différents[95]. Aux rugissements et aux grondements repoussants se mêlent aussi les sollicitations exprimées sous forme d'appels, de cris et de soupirs. Pour que les arbres parlent, il suffit que les parcoure un souffle, élan immatériel évoquant celui de la Création.

Dans son *Génie du christianisme*, Chateaubriand avait identifié des analogies entre les églises gothiques et les forêts. En recourant aux orgues, écrivait-il, l'homme a reproduit dans ses temples « jusqu'au bruit des vents et des tonnerres qui roulent dans la profondeur des bois[96] ». Dans son roman *Atala*, il évoquait les ambiances sonores des grandes forêts nord-américaines : « Il sort de tels bruits du fond des forêts [...] que j'essayerais en vain de les décrire à ceux qui n'ont point parcouru ces champs primitifs de la nature[97]. » Dans toute forêt, le silence même interpelle et s'emplit d'une présence. Le romancier autrichien Robert Musil s'étonnait de « ce silence soudain, qui est comme un langage que nous ne pouvons percevoir[98]. »

La forêt clame sa propre *biophonie*, terme proposé par le bio-acousticien Bernie Krause pour regrouper les manifestations sonores du vivant[99]. Si nous retenons l'hypothèse de Roland Barthes liant l'origine de la musique à la répétition intentionnelle de motifs sonores préalablement entendus[100], nous pouvons présumer que ceux-ci ont été produits dans les milieux forestiers originels.

Qui de nous, marchant en forêt par temps venteux, n'a jamais perçu ces formidables chœurs, innombrables voix mêlées s'élevant dans les frondaisons, où l'on croit reconnaître des voix d'hommes, de femmes ou d'enfants ? Des chœurs naturels, semblant venus d'un outre-monde, que nos ancêtres ont pu tenter de reproduire. Peut-être en est-il aussi des chœurs animaux, voix flûtées des crapauds accoucheurs s'élevant des flaques d'eau forestières au printemps, duos d'oiseaux nocturnes se répondant de loin en loin, ou chœurs stridulants de fourmis que l'on entend parfois sous les canopées tropicales. Pour les premiers hommes, ces chants forestiers naturels ont très certainement représenté des sources d'inspiration inépuisables pour fonder, comme pour toute autre structure clanique animale, leurs propres signatures acoustiques.

Les bonobos (*Pan paniscus*) et les chimpanzés (*Pan troglodytes*) peuvent eux-mêmes, les mains fortement appuyées au sol, frapper du pied les contreforts des grands arbres. Les sons alors produits, riches de basses fréquences, s'entendent à plus d'un kilomètre. Cette forme de communication sonore à longue distance est pratiquée par les individus isolés[101]. Comment croire que les premiers hommes n'aient jamais tenté de les imiter ?

Le bonobo étant le primate génétiquement le plus apparenté à l'homme, il n'est pas saugrenu d'imaginer qu'une de ces deux espèces ait été portée à mimer un comportement de l'autre. Au demeurant, une étude conduite par Valérie Dufour, de l'Institut pluridisciplinaire Hubert-Curien de Strasbourg, a révélé en 2014 que les bonobos sont susceptibles de reproduire spontanément, y compris de manière décontextualisée, des tambourinements assurés par des instructeurs humains[102].

La musique vient du fond des âges, mais c'est des âges forestiers qu'il s'agit.

Qui plus est, à l'exception du groupe des cuivres, la plupart des instruments de musique ont été historiquement réalisés en bois. L'instrumentation musicale a emprunté au bois ses qualités acoustiques et vibratoires naturelles, sa capacité à transmettre et amplifier les sons[103]. Les bonobos ne s'y sont pas trompés. Mais les hommes se sont révélés plus industrieux, avec notamment le merveilleux développement de la lutherie, forme d'ultime et vibrant hommage musical rendu de juste droit aux arbres.

Fluidité

Notre esprit est tourné vers les solides, plus aisés à circonscrire que les fluides. La science s'est développée dans ce sens, la mécanique demeurant la discipline scientifique reine, et l'astronomie du XVIe siècle ayant lourdement pesé sur l'orientation des sciences à venir. Si cela est justifié pour appréhender les animaux, cela l'est moins pour les plantes, et moins encore pour les arbres.

En dehors de la masse de leur tronc et de leurs branches, en bonne partie constitués de tissus morts, les arbres relèvent d'abord de la souplesse et de la fluidité. Un arbre peut arrêter une voiture lancée à pleine vitesse. Mais sans cette partie morte autour de laquelle il appuie sa forme vivante, la même voiture le traverserait sans encombre. L'arbre ne dispose pas de squelette mais croît en périphérie de ses tissus morts rigidifiés par la lignine, comme le serait un film adhérant à une armature ramifiée et prolongé d'excroissances foliaires.

Ajusté au glissement de la matière gazeuse et au parcours souterrain des eaux, l'arbre transfigure la fluidité. Telle une stalagmite dont l'extrémité se pétrifie au moment même où il s'accroît, l'arbre fige sa fluidité en une matière vivante. Tout au long du parcours aérien des méristèmes, un flux permanent de cellules progresse le long d'invisibles travées de ciel. L'arbre suit le tracé naturel de l'arborescence, se déploie et se ramifie à l'inverse d'une figure hydrographique qui se rassemble. C'est qu'à l'inverse de l'eau, il s'écoule en sens opposé à la gravité[104]. Comme la rivière se jette dans la mer, il se jette dans le ciel.

L'arbre est à l'inspiration ce que l'eau est à l'expiration.

Bachelard avait noté que l'arbre se dessine selon l'une des figures essentielles du monde[105]. Il répond en effet, au fil de sa croissance, à des déterminismes physiques primordiaux propres aux processus hydrodynamiques ou aérodynamiques. La figure de l'arborescence, avait déjà observé l'abbé de Sauvages en 1745, résulte toujours de l'injection d'un fluide dans une matière qui l'est moins. Ainsi obtient-on de telles figures en insufflant rapidement de l'air dans de l'huile ou de l'argile liquide ; et ainsi observe-t-on sur certaines pierres de semblables arborescences[106]. Il en est de même des fumerolles arborescentes que dessine l'air chaud en s'insinuant dans l'air froid, ou des frondes de fougères givrées dont se revêtent parfois nos pare-brise au cœur de l'hiver.

L'arbre résulte du cheminement d'une force d'insinuation vivante et fluide dans le monde. Comment ne pas penser ici à l'admirable intuition de Bergson, selon lequel « la vie est la liberté s'insérant dans la nécessité[107] » ?

Harmonie

L'harmonie des formes naît de l'expression de contraintes mutuelles. Ainsi en est-il des formes composant un individu vivant. Chez les animaux supérieurs, par exemple, le développement embryonnaire dans un espace clos, œuf ou utérus, impose très tôt une invagination initiale de l'embryon[108]. Ce processus s'accompagne d'ajustements internes en espace restreint, chaque mouvement des tissus cellulaires se répercutant sur les mouvements des autres tissus. De la sorte, les diverses parties du corps embryonnaire deviennent non seulement proportionnées, ontologiquement et dynamiquement reliées les unes aux autres, mais aussi harmonieuses par leurs formes respectives.

Chez les plantes, et chez les arbres en particulier, en l'absence de développement embryonnaire conduit en espace clos, le déploiement des formes reste au contraire très libre. De manière similaire au développement embryonnaire des animaux supérieurs, les arbres doivent cependant, durant leur développement, s'accommoder d'eux-mêmes. Chaque nouvelle ramification ne peut s'épanouir qu'en conciliant son extension avec celles des ramifications voisines, chacune d'entre elles se dilatant du mieux possible.

Cet auto-ajustement permanent génère une harmonie découlant d'un ensemble de forces *extensives* alors qu'à l'inverse, chez l'animal, l'harmonie observée résulte d'un jeu de forces de nature *compressive*. Cette différence entre l'harmonie constitutive de l'homme – en tant qu'animal supérieur – et celle de l'arbre explique peut-être la difficulté qu'ont les peintres à représenter des arbres sur leurs toiles. Elle permet aussi de comprendre, comme le relève le philosophe Robert Dumas dans son *Traité de l'arbre*, pourquoi les silhouettes d'arbres crayonnées par les peintres échappent aux procédés stylistiques propres aux époques artistiques, prenant des apparences atemporelles. C'est que, précise-t-il, « dans le rapport du dessinateur à l'arbre, c'est l'objet qu'il dessine qui l'emporte sur le sujet qui le dessine[109] ». L'harmonie libre consubstantielle de l'arbre prend alors le dessus sur l'harmonie pensée par le peintre.

Pour l'arbre, la croissance est son geste, observait Paul Claudel, ajoutant aussitôt : « Non seulement son geste, mais son acte essentiel et la condition de sa nature[110]. » L'arbre est son geste de croissance. En l'arbre, le dessin de chaque branche guide celui de la branche voisine. S'érige dès lors, au fil du temps, un complexe cohérent d'ajustements mutuels, portés par une même gestuelle expansive, et dont résulte une figure harmonieuse et gracieuse.

Sans doute est-ce parce qu'ils dessinent la figure d'une gestuelle que les arbres émeuvent tant les danseurs et les chorégraphes. L'écrivain Roger Caillois avait perçu combien un baobab devait ainsi son harmonie à sa manière de s'épandre dans l'espace : « La simple durée suffit à ces structures sûres d'elles-mêmes dans la force comme dans la grâce, pour qu'elles confondent en leur croissance la vie et l'art[111]. » Chaque arbre paraît alors dessiner une mélodie. Ce terme serait-il exagéré ? Rien n'est moins sûr. L'organiste Louis Thiry n'hésite pas à placer, en vis-à-vis des contrepoints d'une fugue de Bach, le jeu équilibré des ajustements et des résonances inhérents à toute branchaison[112]. Nous pourrions même prolonger cette analogie musicale en rapprochant la figure parfois fantaisiste de l'arbre de l'improvisation libre d'un ensemble de jazz. Mais il ne s'agit là que d'analogies qu'il ne faudrait surtout pas considérer comme des indications que les plantes sont imprégnées de musique.

L'harmonie observée chez les arbres doit aussi à leur faculté de ne jamais s'obstiner. Charles Péguy eut un jour ce bel aphorisme : « La nature arborescente n'est pas l'art d'accommoder les restes[113]. » Il avait en effet observé que lorsque la cime d'un arbre se dessèche, ce dernier n'insiste pas mais reprend son ascension à partir d'un bourgeon situé un peu en dessous, parfois même bien en dessous, comme dans le dessein de laisser s'exprimer des sources de vie plus saines. Les disgrâces de l'arbre relèvent ainsi de l'accident et de la soustraction d'une partie dont l'absence brise l'harmonie antérieure. Les élagages de platanes dans les rues des villes produisent pour cette raison des effets esthétiques parfois fâcheux. Mais ce n'est souvent qu'une affaire de quelques années pour que l'ensemble retrouve une composition équilibrée.

Feuillaison

La feuille est l'unité structurelle et fonctionnelle élémentaire de l'arbre. Elle compose un peuple indénombrable, qui compte plus d'un million d'individus chez de très grands arbres. Sa fonction demeure invariable : puiser à la lumière.

Par la photosynthèse, merveilleux mélange d'ingéniosité et de sobriété, la foule des feuilles industrieuses de l'arbre s'affaire à transformer la lumière en matière vivante. C'est à cette source seconde que puise à son tour la vie animale en consommant les plantes et l'oxygène produit par la photosynthèse. Cet oxygène a de surcroît permis la formation d'une couche d'ozone protégeant la vie terrestre des effets délétères des rayons ultraviolets du Soleil.

Par-delà les arbres, rendons ici justice à la chlorophylle, pigment présent dans les chloroplastes des feuilles, véritable pierre philosophale du système vivant. En convertissant l'énergie lumineuse en énergie biochimique, elle réalise la prouesse de photodissocier l'eau. Si nous parvenions à en faire autant, nous disposerions, à partir de l'hydrogène moléculaire dérivé de la photosynthèse, d'une source d'énergie inépuisable et non polluante. L'eau des océans remplacerait le pétrole[114].

De ce pigment mystérieux, nous ne connaissons cependant pas l'origine. Tout au plus pouvons-nous le dater de 3,8 milliards d'années[115]. Une hypothèse est qu'il aurait dérivé de protéines dotées d'une protection contre les rayons ultraviolets, rayons particulièrement intenses dans les planètes primitives[116]. La chlorophylle, au reste, était présente chez diverses bactéries photosynthétiques avant de l'être dans les plantes. Contrairement aux autres bactéries, les cyanobactéries produisirent le précieux oxygène. Après avoir été phagocytées par les cellules végétales il y a 1,6 milliard d'années, elles évoluèrent en chloroplastes qui représentent donc une forme d'endosymbiose.

La feuille demeure toutefois irréductible à sa fonction photosynthétique.

Elle traduit tout autant une manière d'être de la plante, tournée sur le dehors, interactive et sensible. Parfois, elle se modifie, et même se métamorphose en pièce constitutive de la fleur. Goethe, auteur de la *Métamorphose des plantes*, l'avait compris. Pour réfléchir à l'organisation première de la fleur, il eût rêvé de disposer d'une fleur idéale. Or le modèle parfait de la fleur, qui serait peut-être aussi sa structure ancestrale, vient d'être révélé par une équipe de chercheurs coordonnée par Hervé Sauquet, systématicien à l'université Paris-Sud[117]. S'il était encore vivant, sans doute Goethe eût-il tiré de ce modèle de nouveaux enseignements sur le sens profond de la floraison, forme sexuée de la feuillaison.

Peut-on en effet légitimement réduire la fleur à un organe sexuel ? Cette force de séduction irrésistible auprès du monde animal, où s'abreuvent tant de consommateurs de nectar, et à laquelle nous cédons aussi, n'est-elle vraiment qu'un sexe ? Saurons-nous jamais ce qu'est vraiment une fleur, voyante, extravertie, embaumante, ruisselant sur le monde, enivrante et douée de tant de sortilèges ?

Comme la feuille dont elle dérive, la fleur est une forme d'expression de la temporalité végétale. Pour l'essentiel, ce sont les variations intra-annuelles de lumière et de température qui gouvernent l'étalement temporel des stades reproductifs des plantes à fleurs, ce qui correspond à la phénologie reproductive. Du moins le pensait-on jusqu'en 2014, date à laquelle fut découvert que le cortège bactérien de *Boechera stricta*, l'une des plantes modèles des biologistes, gouvernait en partie l'horloge florale[118]. Pour fleurir, la plante doit donc composer non seulement avec les déterminismes cosmiques dont dépendent la longueur du jour et la température, mais aussi avec d'autres formes du vivant.

La floraison est une harmonisation ultime des plantes avec le monde.

Migration

Aussi ancrés au sol soient-ils, les arbres demeurent des migrants. Ils procèdent par bonds générationnels, de pluie de graines en pluie de graines, selon un front de progression dessiné par des individus pionniers. La mobilité de l'arbre est inscrite dans la graine, sa forme quiescente la mieux affranchie des contingences environnementales.

En réponse aux dernières glaciations, les arbres se sont déplacés en direction de terres plus propices, en latitude ou en altitude surtout, mais aussi en longitude. Du moins les changements climatiques étaient-ils assez lents, et les écosystèmes suffisamment continus, pour qu'une migration fût possible au rythme des dispersions de graines. À la suite des dernières glaciations, la vitesse de recolonisation du chêne vert (*Quercus ilex*) en Europe pouvait atteindre la vitesse de 700 m/an, prodigieuse pour un arbre que nous ne concevons qu'immobile.

Mais la vitesse actuelle de déplacement du bioclimat est au moins cinq fois plus élevée. En vingt ans, la température moyenne s'est élevée en France d'environ 1 °C, ce qui correspond à un déplacement du climat de 180 kilomètres vers le nord ou de 150 mètres plus en altitude. C'est trop pour le chêne vert dont la vitesse actuelle moyenne de progression latitudinale au sein de paysages fragmentés n'atteint pas 60 m/an. Sa bonne utilisation de l'eau lui permet toutefois de s'adapter au réchauffement, contrairement au chêne pédonculé (*Quercus robur*)[119].

Les contraintes migratoires, auxquelles se heurtent aujourd'hui les arbres dans des espaces fragmentés, expliquent pourquoi les formations de pin sylvestre (*Pinus sylvestris*) sont autant mises à mal, en France, par la chenille processionnaire du pin (*Thaumetopoea pityocampa*). Celle-ci progresse à une vitesse de 5 km/an, tirant parti d'arbres affaiblis par les sécheresses récurrentes, et dont les mécanismes de résistance ne fonctionnent plus[120]. Les peuplements forestiers monospécifiques, souvent plantés à trop forte densité et bénéficiant de ce fait d'une moindre ressource en eau, sont en outre plus vulnérables aux insectes ravageurs.

Cela explique pourquoi en Amérique du Nord, les arbres feuillus se déplacent davantage vers l'ouest, où les précipitations sont plus élevées, qu'en altitude ou vers le nord, où les températures sont plus fraîches. Cette migration longitudinale observée depuis 1980 atteint la vitesse considérable de 1,5 km/an. Les arbres répondent davantage à la baisse des disponibilités en eau qu'au réchauffement[121]. L'environnement biophysique actuel est en outre fortement anthropisé, et parsemé de discontinuités écologiques, de sorte que les forêts ne se meuvent plus avec autant d'aisance que dans le passé. L'étude des migrations postglaciaires du chêne blanc (*Quercus robur*) a révélé que ces derniers tiraient parti d'événements exceptionnels de dispersion à grande distance, rares mais permettant de temps à autre de véritables pas de géant[122]. Si ces derniers suffisaient à un âge où le monde était encore à peu près continûment recouvert d'une végétation naturelle, tel n'est cependant plus le cas aujourd'hui.

Il reste donc trois possibilités aux espèces forestières : s'adapter au réchauffement, disposer d'une migration assistée par l'homme, ou disparaître.

Il semble que la végétation française, plutôt que de migrer, s'adapte au réchauffement climatique. Ce processus masque une forme possible de « dette climatique », avec des disparitions futures de populations végétales sous la poursuite du réchauffement[123]. Car s'adapter au réchauffement, c'est aussi s'accommoder d'événements extrêmes tels que les tempêtes, les canicules, les sécheresses, les incendies et les invasions d'insectes prédateurs. Pour ce faire, la sylviculture doit étendre le panel de ressources génétiques qu'elle avait restreint pour des raisons économiques. Une option complémentaire est de faciliter le mouvement migratoire de la végétation en réalisant des plantations plus au nord ou plus en altitude, comme cela est expérimenté en Colombie-Britannique, au Canada. Mais, comme nous l'avons vu, le nord n'est pas nécessairement la meilleure des directions. La dernière possibilité est la disparition locale des espèces les moins adaptées. Elle est la plus probable.

Mais les forêts n'en disparaîtront pas pour autant. Elles se recomposeront selon de nouvelles physionomies. Le dioxyde de carbone en excès dans l'atmosphère accélère déjà leur croissance. Les lianes connaissent pour cette raison un regain planétaire[124].

La fin des forêts n'est pas pour demain.

Anthropocène

Par leurs activités industrieuses, les sociétés humaines ont transformé la plus grande part de l'environnement terrestre. Cette transformation est déjà très ancienne. L'usage du feu était commun il y a 450 000 ans, et les premières traces de sa maîtrise par un hominidé remontent à un million d'années[125]. Il y a 8 000 ans, la production de gaz à effet de serre et la modification de l'albédo terrestre commençaient à modifier le climat de la Terre[126].

Si la « sixième extinction » est présentée comme un phénomène actuel, les disparitions d'espèces dont l'homme est responsable sont elles aussi déjà anciennes. Sa responsabilité dans la disparition de mégafaunes terrestres remonte à 10 000 ans, et les deux tiers des populations d'oiseaux du Pacifique ont disparu à l'arrivée des premières pirogues polynésiennes[127]. Toutes les formes humaines archaïques, dont une vingtaine a été dénombrée à ce jour, ont elles-mêmes disparu à mesure que progressait l'homme moderne[128]. Coïncidence avec d'autres changements environnementaux ou lien de cause à effet ? Rien ne permet cependant de trancher.

Mais c'est au siècle passé que nous avons modifié le plus fortement les grands processus écologiques. Même si une décroissance démographique advenait, et si la mise en valeur des terres devenait durable, notre transformation des habitats a désormais irrémédiablement modifié l'atmosphère, l'hydrosphère, la lithosphère et la biosphère[129]. Nous sommes définitivement passés de l'holocène à l'anthropocène.

Ces grands changements, qu'accompagnent des soubresauts socio-économiques susceptibles de rendre à la friche des espaces agricoles ou même industriels, laissent émerger des écosystèmes inédits qui échappent au contrôle des hommes. L'abandon de parcelles agricoles ou la dégradation de forêts donnent lieu à un réassemblage d'espèces végétales qui nous paraît hétéroclite quand des plantes d'origine exotique y occupent une place privilégiée. Ces écosystèmes hybrides, où cohabitent et se mêlent des communautés vivantes anciennes et nouvelles, s'ajustent aux contingences contemporaines de l'environnement[130]. Ils participent à la protection des sols et à la fixation de carbone atmosphérique, abritent une diversité végétale indigène, et fournissent quantité de produits allant du charbon de bois au bois d'œuvre[131]. Ils fonctionnent bien et rendent des services durables.

Dans l'État de Para, au Brésil, 25 % des surfaces prélevées sur la forêt amazonienne pour être converties en pâtures sont aujourd'hui occupées par des forêts secondaires. Leur taux de séquestration de carbone est vingt fois plus élevé que celui des vieilles forêts dites primaires[132]. Une synthèse conduite dans 45 forêts d'Amérique latine a révélé qu'il ne fallait que soixante-cinq ans pour que, après avoir été rasés, les sites forestiers retrouvent 90 % de leur biomasse initiale[133]. Une autre méta-analyse réalisée dans des forêts tropicales révèle que le nombre d'espèces d'oiseaux présents dans les forêts secondaires n'est que de 12 % moins élevé que dans les vieilles forêts. En cent ans seulement, la composition faunistique en oiseaux spécialistes, catégorie la plus vulnérable, se rétablit à 99 % de son niveau initial[134].

Ces assemblages floristiques et faunistiques incontrôlés par l'homme, au devenir imprédictible, représentent au moins 70 % des forêts tropicales. Ils ne fonctionnent pas contre-nature. Dans la plupart des cas, les peuplements d'arbres font valoir une formidable résilience et une capacité à composer avec les changements, même brutaux et soudains.

Quand nous leur laissons la capacité de se multiplier, de se disperser et de s'enraciner, les arbres savent s'ajuster au pire. Quand, cependant, nos modes d'aménagement de l'espace ne permettent plus à ces trois conditions d'être assurées, alors notre propre devenir est compromis.

À l'accord symphonique prodigué par les arbres risque alors de succéder un interminable silence.

CHAPITRE V

Penser selon l'image de l'arbre

Nous confions volontiers à la figure de l'arbre, dont la foule des feuilles est soutenue par un même tronc, une représentation idéale de la structure du monde. En rattachant l'arbre aux articulations d'un univers idéel, nous l'avons cependant abstrait de la réalité. C'est peut-être en partie pour cette raison que dans les arbres qui nous entourent, nous ne voyons plus des êtres pleinement vivants, avec qui entretenir des liens directs et sensibles.

Pour autant, la figure de l'arbre matérialise avec beaucoup d'élégance l'enchaînement des contingences, les cheminements de l'esprit, les écoulements et les embranchements, les filiations et les subdivisions, la hiérarchisation des possibles ou la structuration des formes organisées. Elle transfigure le cheminement logique et insuffle de l'ordre dans le chaos.

Elle représente aussi le temps du vivant, ses courbes lentes et ses flèches fulgurantes, ses marques du passé et ses formes en devenir. Il est vrai que chaque arbre dessine, bien qu'imparfaitement, sa propre histoire. On y lit ses accidents de parcours, ses tentatives inabouties, ses plongées dans l'espace.

C'est probablement en raison de ses affinités pour la botanique que Charles Darwin a lui-même retenu la figure de l'arbre pour rendre compte, comme nous le verrons plus loin, de la ramification des espèces avec l'évolution du vivant.

Et lorsque nous évoquons aujourd'hui les réseaux de l'intelligence et de la connaissance, ce sont à des réseaux croisés de racines que nous faisons allusion pour les représenter. En les confondant si bien qu'en retour, les racines des arbres sont parfois assimilées à des réseaux intelligents. Enfin, le nœud revêt lui-même un caractère élégamment polysémique. Dans le sens commun, il désigne en effet tout autant le point de départ d'une nouvelle branche qu'une soudaine complexion de la pensée, point de résistance à une fluidité brusquement compromise par l'épreuve de la réalité.

C'est dans l'enchaînement des nœuds que l'arbre, virtuel ou idéel, rencontre sa forme accomplie.

Arborescence

L'arbre retient notre regard. Il est l'une des images fondamentales de notre monde sensible. On le retrouve dans le cheminement des trois différentes phases de l'eau. Ce sont ces dessins que tracent par exemple le givre sur le carreau d'une fenêtre, l'écoulement d'un réseau hydrographique depuis la montagne jusque vers la mer, ou les fumerolles chargées de vapeur d'eau s'élevant dans l'air au-dessus d'un brasier.

On l'observe aussi dans les structures organiques. Tels sont les réseaux de bronches et de bronchioles au sein de nos poumons, les réseaux analogues de nos systèmes sanguin et lymphatique, ou les cheminements de la circulation de la sève au sein de l'arbre même.

Les arborescences présentes dans la nature participent toutes d'une respiration régulière conjuguant irrigation et soutirage. La respiration pulmonaire ou la circulation sanguine en rendent compte. Les réseaux hydrographiques résultent eux-mêmes de confluences qui doivent leurs plus fines terminaisons à l'érosion régressive creusant chacune d'elles un peu plus vers l'amont. L'arbre participe tout autant de ce double mouvement, même si la sève montante et la sève descendante n'empruntent pas les mêmes vaisseaux.

Il est le dessin même de la boucle fondamentale de l'inspiration et de l'expiration.

Toute forme vivante reste modelée par la physique des fluides, qui en conditionne les lignes de force. Au cours de l'embryogenèse animale, les formes constitutives du corps à venir sont imposées par les mouvements fluides des cellules en milieu confiné. C'est dans les limites de l'espace fermé d'un œuf, fruit de la rencontre heureuse d'un ovule et d'un spermatozoïde, qu'ils s'exercent selon un nombre restreint de possibilités. De sorte que l'on peut dénombrer dans le monde animal une trentaine seulement de plans d'organisation des formes du corps[135]. Ces plans constitutifs, avance le biophysicien Vincent Fleury, lui-même inspiré des travaux de D'Arcy Wentworth Thompson, semblent donc régis par le caractère spatialement contraint de l'embryogenèse[136].

Au sein de la graine, nous savons en revanche qu'il n'y a pas de développement embryonnaire équivalent à celui de l'animal. Il n'y a pas d'embryogenèse en espace fermé, et donc pas davantage de confinement spatial conduisant à des figures imposées. Ce n'est qu'au cours de sa croissance, peu après la germination, que la plante revêt les premières ébauches de ses formes à venir. Elle rend alors compte de cette fluidité qui la sous-tend et participe de son développement.

De cette fluidité, exercée de l'intérieur vers l'extérieur, de la tige vers les feuilles, résulte la physionomie aérienne de l'arbre. Celui-ci se révèle alors dans sa figure complexe et sa gestuelle presque liquide que notre œil, prisonnier de notre temporalité, ne sait hélas apercevoir que figée dans l'instant. La libre fluidité et les formes de l'arbre se confondent, mais cela échappe à nos sens.

Par la photosynthèse, l'arbre produit ses propres tissus organiques à partir du gaz carbonique et de l'eau. Cette eau, solvant universel, milieu essentiel, est le medium premier de la vie à laquelle elle préexiste et dont elle garantit les agencements. Or, dans l'arbre, l'eau demeure formidablement présente, en est comme le mouvement premier. Tout arbre est un chemin d'eau. De fait, les métaphores que représente l'arbre s'attachent à reproduire et rendre compte de cette fluidité constitutive. Aussi, nous nous inspirons de la fluidité de la figure de l'arbre pour structurer mais aussi fluidifier notre pensée.

Il n'y a, de ce fait, pas lieu de s'étonner que notre pensée soit autant peuplée d'arborescences logiques, classificatoires, fractales, généalogiques, phylogénétiques, mécaniques, alchimiques, graphiques, informatiques, stochastiques ou évolutives. Il n'y a non plus rien de surprenant à ce que nous soyons enclins à explorer, sinon les *racines* ou un hypothétique *tronc* commun, du moins les *ramifications*, voire les *branches* de la connaissance auxquelles chacune de ses arborescences se réfère. Et si la pensée se fait confuse, il s'agit alors parfois, dit-on, d'*élaguer*.

Tout penseur est un jardinier qui s'ignore.

Logique

L'arbre est un symbole omniprésent dans la culture occidentale. De sorte que les symboles eux-mêmes, écrivait Baudelaire dans son poème des *Correspondances*, semblent, en retour, s'être naturellement organisés en « forêts de symboles ». Le philosophe Robert Dumas[137], dans son *Traité de l'arbre*, en fait aussi le modèle de tout symbole, et il serait assurément fastidieux de dresser une liste des concepts que l'arbre transfigure.

L'arbre guide notre esprit dans son versant spirituel et sensible, mais il sert aussi de modèle aux constructions de la raison. Pour le philosophe Benoît Desombres, « la carrière logique de l'arbre est non seulement aussi proliférante, mais aussi brillante que sa carrière religieuse[138] ». Pour Robert Dumas, l'arbre est un réservoir d'analogies et une architecture logique susceptible de structurer et de dynamiser notre pensée[139]. La figure de l'arbre semble particulièrement propice pour nous aider à tirer de tout chaos une structure logique.

Il s'agit alors de prendre le problème par sa *racine*, puis d'en suivre les expressions possibles selon les chemins de l'arborescence, jusque dans ses plus fines ramifications. L'arbre donne une figure aux cheminements logiques. Dans la théorie mathématique des réseaux bayésiens, s'agissant d'un type d'approche statistique à la fois relativement récent et particulièrement complexe, l'arbre réapparaît une nouvelle fois. Il représente toute forme de graphe pour laquelle deux nœuds sont connectés par un seul chemin.

C'est aussi sur la figure logique de l'arbre que Descartes s'appuya pour mieux asseoir sa pensée. Il décrivit la philosophie occidentale comme un arbre dont les racines sont la métaphysique, le tronc la physique, et les branches les sciences[140]. Alexandre Koyré note que pour Descartes, « il y a un ordre progressif de la pensée, elle procède des idées aux choses, des éléments simples aux ensembles complexes, elle avance en se concrétisant, de l'unité des principes à la multiplicité des diversifications, elle marche de la théorie à l'application, de la métaphysique à la physique, de la physique à la technique, à la médecine et à la morale[141] ». Presque invariablement, la pensée de Descartes suit la figure de l'arbre.

Les premiers arbres logiques, procédant en ramifications dichotomiques allant du général vers le particulier, remontent à la Grèce antique. Ils ne donnent cependant pas lieu à des représentations graphiques qui, au mieux, auraient consisté en des formes de cartes mentales faisant apparaître des proximités ou des éloignements entre objets. Ce n'est donc qu'au Moyen Âge qu'apparaissent les premières images classificatoires reprenant la figure fondamentale de l'arborescence, avec les « arbres de Porphyre » qui traduisent des dichotomies pouvant apparaître dans l'organisation d'ensembles d'objets. Les dendrogrammes (du grec *dendron*, qui désigne l'arbre), rendent aujourd'hui visuellement compte des niveaux d'apparentement entre objets.

Mais la cohérence de l'arbre va bien au-delà de la seule figure de l'arborescence.

L'arbre rend compte non seulement de la structure d'ensemble du monde, mais aussi de son état toujours transitoire et inachevé. Les premiers arbres classificatoires du vivant demeuraient des arbres figés dans l'instant, sans devenir et sans passé. Ce furent les premiers arbres taxonomiques des naturalistes pour qui la création s'était opérée une fois pour toutes. La filiation du vivant lentement opérée au cours du temps de l'évolution n'y apparaissait pas. Il ne manquait plus, au terme d'une première esquisse fournie par les arbres généalogiques, que le parachèvement qu'affecta à l'arbre la pensée de Darwin.

Phylogénie

L'image de l'arbre sous-tend naturellement l'idée de gradation. Comme l'avait noté le naturaliste genevois Charles Bonnet en 1745 : « Il y a une gradation entre toutes les parties de cet univers : vérité sublime et bien digne de devenir l'objet de nos méditations[142]. » Mais il y a aussi une gradation dans le temps, comme l'arbre généalogique le révèle.

L'arbre généalogique instaure le schéma de la filiation, dans un contexte sociétal contemporain où l'identité de chacun a de moins en moins à voir avec ses origines. Cet arbre redonne au temps des générations son épaisseur, et à chaque être une spécificité familiale, ou même génétique. Il offre un contrepoids aux modèles sociaux écrasants, aux injonctions et aux modes uniformisatrices. En chaque foyer désormais, chacun dispose d'un arbre généalogique identitaire. Il permet aussi, très commodément, de rendre compte de branches nouvelles se ramifiant au fil des générations.

L'arbre généalogique tel que nous le connaissons remonterait au IXe siècle. Il faudra cependant attendre deux siècles avant que les juristes dessinent un *arbor juris* ou arbre de droit, forme de diagramme représentant les liens et droits de parenté. Au début du XIVe siècle, le dominicain Bernard Gui publia pour la première fois un *Arbre de la généalogie des rois de France*. Y figuraient des branches porteuses de médaillons, branches dont la valeur signifiante reste très forte pour avoir valeur de catachrèse, c'est-à-dire d'une extension du sens propre donné au terme, bien plus que de métaphore.

Le premier, Buffon envisage l'arbre comme une figure susceptible de rendre compte d'un transformisme des espèces. En 1766, dans le quatorzième volume de son *Histoire naturelle*, il utilise un arbre pour classer certaines espèces proches, liées entre elles par des liens de parenté. La même année, son disciple Nicolas Duchesne dessine dans son *Histoire naturelle des fraisiers* le premier véritable arbre transformiste des espèces[143]. Cet arbre fait apparaître les variétés de fraisiers comme dérivant d'un même ancêtre commun. Il ne s'agit pourtant pas, en dépit des indications de l'auteur, d'un arbre généalogique véritable puisqu'il est encore dépourvu de ramifications.

Avec la publication de la *Philosophie zoologique* en 1809, Lamarck va plus avant en suggérant cette fois de recourir à un authentique arbre évolutionniste, toutefois inaccompli. Il fournit ce qu'il nomme un tableau, qui indique comment des groupes d'espèces dérivent d'autres groupes d'espèces, selon un cheminement transformiste que représente clairement le cheminement des ramifications d'un arbre. Mais, relève Robert

Dumas : « Si Lamarck a tenté de planter le premier arbre phylogénétique, c'est avec Darwin qu'il va trouver ses racines[144]. » Incapable de proposer une théorie convaincante pour rendre compte du transformisme, Lamarck dut bien constater que son arbre, privé de tout terreau fertile et que n'irriguait aucun mécanisme explicatif probant, restait sans avenir.

Ce n'est qu'en 1859, avec *L'Origine des espèces* de Charles Darwin, que l'arbre phylogénétique des espèces, seule illustration de cet ouvrage, prend désormais sa forme aboutie et complète. Le jeu des ramifications de l'arbre, qui rend intrinsèquement compte de productions successives, s'impose bien comme la meilleure représentation possible de la différenciation de plusieurs espèces à partir d'une espèce ancestrale commune.

Dans le résumé final de son chapitre IV réservé à la sélection naturelle, Darwin commente l'intérêt heuristique de la figure de l'arbre pour rendre compte de la phylogénie : « On a quelquefois représenté sous la figure d'un arbre les affinités de tous les êtres de la même classe, et je crois que cette image est très juste sous bien des rapports. Les rameaux et les bourgeons représentent les espèces existantes ; les branches produites pendant les années précédentes représentent la longue succession des espèces éteintes. À chaque période de croissance, tous les rameaux essayent de pousser des branches de toutes parts, de dépasser et de tuer les rameaux et les branches environnantes, de la même façon que les espèces et les groupes d'espèces ont, dans tous les temps, vaincu d'autres espèces dans la grande lutte pour l'existence[145]. »

Ce commentaire laisse apparaître que le fonctionnement de l'arbre lui-même, du moins dans l'idée que Darwin s'en faisait, a pu infléchir son regard sur les principes gouvernant l'évolution des espèces. Il n'est toutefois pas certain qu'il s'exerce une aussi forte compétition entre les rameaux d'un arbre. Ceux-ci semblent plutôt s'ajuster à leurs voisins en faveur d'un bénéfice mutuel. Nous pouvons envisager l'hypothèse selon laquelle, à l'image des ramifications de l'arbre, les espèces disposent aussi, par-delà la seule compétition, d'une capacité d'ajustement mutuel et d'un art du vivre ensemble.

Le naturaliste allemand Ernst Haeckel a repris la figure de l'arbre phylogénétique de Darwin pour produire, dès 1866, un arbre du monde vivant selon trois règnes, les animaux, les plantes et les protistes. En 1874, il proposa un arbre de vie reprenant la phylogénie du règne animal, établie à partir de l'embryologie comparée. Au sommet de cet arbre prenait place l'espèce humaine.

Alors que l'arbre phylogénétique est longtemps resté le Graal des évolutionnistes, d'autres figures se sont depuis imposées, tel le réseau phylogénétique qui permet de rendre compte des transferts horizontaux.

Symboles

En tant qu'être vivant dressé en vis-à-vis de l'homme, l'arbre concentre et transfigure les symboles. Porteur de réalités visibles et invisibles, il fait lien entre la matérialité de la Terre et la spiritualité du Ciel. Il relie les mondes de Chronos et d'Ouranos de la mythologie grecque. Par sa figure saisonnière, il rend compte de la course de la Terre autour du Soleil.

Sa dimension symbolique est telle[146] qu'en retour il est devenu objet de culte. Les cultes très anciens voués aux arbres exprimaient moins une vénération panthéiste qu'une sensibilité à leur puissance symbolique. « Toucher du bois » est ainsi devenu un geste rituel chargé de superstition. Cela, affirmaient les chrétiens du Moyen Âge, revenait à toucher virtuellement la Sainte-Croix et permettait de se préserver du mauvais sort. Il semble cependant tout aussi pertinent de considérer que le bois, qui représente l'arbre, est avant tout un élément protecteur raccordant les puissances occultes célestes à la matérialité terrestre et assure le rôle, pas seulement dans un sens métaphorique, de paratonnerre.

Le symbole le plus profondément et le plus universellement rattaché à l'arbre est celui de la connaissance. Cela tient notamment aux raisons évoquées dans les pages précédentes, et dans le premier chapitre où j'ai évoqué la dimension cosmologique et la place de l'arbre dans toute forme de genèse.

Pour le psychologue Charles Koch, auteur du « test de l'arbre » en 1952, l'arbre constituait une excellente représentation symbolique du corps humain et de son rapport au monde. Aussi lui est-il paru intéressant de demander à ses patients d'en dessiner un sur une feuille blanche. Un arbre bien inséré dans la page traduisait un ancrage social. Petit, il trahissait un sentiment d'infériorité. Grand, il traduisait le besoin de paraître auprès de ses semblables, voire de prendre l'ascendant sur eux. Les racines symbolisaient quant à elles les pulsions, le tronc figurait le moi, et le feuillage le rapport aux autres. Tout, dans l'arbre, se rapportait à une représentation symbolique de la connaissance de soi.

L'arbre renvoyant à la *sylve*, dont dérive étymologiquement le terme de *sauvage*, assimilé à l'état de liberté, la Révolution a repris à dessein un symbole vivant déjà bien ancré dans les traditions. Elle a donné une place de choix à l'arbre, désormais porteur d'idéal révolutionnaire, installant symboliquement la révolution dans la durée, voire dans l'éternité. Elle en a fait aussi une pièce maîtresse de la mystique révolutionnaire. Elle a réactivé le culte très ancien des *arbres de mai*, encore appelés *mais*, visant à célébrer le retour de la belle saison lors de fêtes votives. Mais elle les remplaça par des arbres de la liberté. Soixante mille arbres furent ainsi plantés au printemps et à l'été 1792. Il s'agissait toutefois, la plupart du temps, de simples poteaux ou de troncs sommairement élagués et fichés en terre.

Ceux qui, parmi ceux-ci, étaient de vrais arbres, ne vécurent souvent que quelques années, puisqu'ils furent abattus lors de la Restauration. Mais les arbres de la liberté connurent un nouvel essor en 1830, puis en 1848, année qui vit un regain de plantation de chênes, de peupliers, de tilleuls et d'ormes. Dans son discours du 2 mars 1848, prononcé place des Vosges à l'occasion de la plantation d'un arbre de la liberté, Victor Hugo explicitait la valeur symbolique qu'il attribuait lui-même aux arbres : « C'est un beau et vrai symbole pour la liberté qu'un arbre ! La liberté a ses racines dans le cœur du peuple, comme l'arbre dans le cœur de la terre ; comme l'arbre elle élève et déploie ses rameaux dans le ciel ; comme l'arbre, elle grandit sans cesse et couvre les générations de son ombre. Le premier arbre de la liberté a été planté, il y a dix-huit cents ans, par Dieu même sur le Golgotha. Le premier arbre de la liberté, c'est cette croix sur laquelle Jésus-Christ s'est offert en sacrifice pour la liberté, l'égalité et la fraternité du genre humain. » De ces derniers arbres de la liberté, combien en reste-t-il aujourd'hui ? On retrouve au moins l'un d'entre eux au verso des pièces françaises d'un euro.

La forêt représente aussi, beaucoup moins concrètement que symboliquement, un refuge pour les esprits rebelles aux normes sociales. Par définition, elle échappe au monde civilisé puisque le latin *forasticus* signifie « extérieur ». De surcroît, elle polarise symboliquement les esprits frondeurs. S'y sont rassemblés des personnages illustres, aussi bien fictifs que réels, tels Merlin et sa fée Viviane, les prédicants des mythes païens, Robin des bois, Raboliot le braconnier de Maurice Genevoix, les résistants du Vercors ou les écologistes de *Green Warriors* qui ont fait de l'arbre l'objectivation même de leur insoumission. Des œuvres ont été consacrées à la valeur de refuge de la forêt, depuis *L'Enfant des bois* d'Élie Berthet jusqu'au *Traité du rebelle ou le Recours aux forêts* d'Ernst Jünger, sans compter les *Rebelles de la forêt*, un film d'animation américain. L'arbre focalise de lui-même les efforts déployés pour préserver l'environnement, et sert même parfois d'acronyme à des mouvements associatifs d'obédience écologiste[147].

Mais tous les renvois symboliques à l'arbre ne partagent pas la même noblesse. Le régime de Vichy, fasciné par les valeurs traditionnelles, remit en usage le culte de l'arbre. De sorte qu'en forêt de Tronçais, il y eut un chêne maréchal Pétain, devenu chêne Gabriel Péri avant d'être rebaptisé chêne de la Résistance. Ce chêne incarnait une force évocatrice toute particulière, puisque non seulement *chêne* et *puissance* portaient le même nom de *robur* en langue latine, mais aussi parce que son fût atteignait la hauteur très estimable de 40 mètres.

Enfin, spécifique et ancré au lieu où il s'enracine, l'arbre a communément valeur d'emblème territorial, national ou régional. Plusieurs noms d'États sont associés à des noms d'arbres. Ce sont notamment le cèdre du Liban, l'érable du Canada, le ravenale de Madagascar, le guanacaste du Costa Rica, l'arganier du Maroc, l'érythrine d'Argentine, le magnolia de la Corée du Nord, le kauri de la Nouvelle-Zélande et le frangipanier du Laos. En France, le châtaignier renvoie aux Cévennes et à la Corse, le hêtre au Limousin, le frêne fourrager à l'Aubrac, le pommier à la Normandie et le mirabellier à la Lorraine.

Partout, l'arbre est revêtu des singularités du lieu. Il en porte l'identité.

CHAPITRE VI

Développement durable

Il y a trente ans apparaissait pour la première fois, dans le fameux rapport Brundtland, la notion de *développement durable*. Ce concept sous-tend un mode de développement « qui répond aux besoins du présent sans compromettre la capacité des générations futures à répondre à leurs propres besoins[148] ».

Il s'agissait d'envisager l'économie comme une discipline qui intègre désormais les aspects sociaux et environnementaux afin de poursuivre durablement le développement économique des sociétés humaines. En 2015, l'ONU édictait une série de dix-sept objectifs de développement durable ayant pour finalité commune d'éradiquer la pauvreté, de protéger la planète et de garantir la prospérité pour tous. Il s'agit d'un programme extrêmement ambitieux dont on peut craindre qu'il ne se broie dans ses propres rouages technocratiques et ses contradictions, s'il ne compte que sur lui-même.

Il n'est pas interdit d'envisager que les moteurs d'un développement véritablement durable se situent ailleurs que dans de telles enceintes administratives. Les énergies à déployer en faveur d'un mode de vie durable, selon un mode de développement repensé, seront nécessairement déployées à hauteur d'homme. Les références inspiratrices concrètes devront quant à elles avoir fait leurs preuves de durabilité.

Or le vivant regorge de telles preuves, et l'arbre occupe à cet égard une position proéminente. Élaborant par lui-même la matière organique qui le constitue, entièrement biodégradable, indéfiniment renouvelable, autonome au plan énergétique, fixateur de carbone et producteur d'oxygène, épurant l'atmosphère et l'eau, adoucissant les excès climatiques et leurs manifestations, souple et résilient, sobre et consommant peu au regard de ce qu'il produit, durable sous toutes ses coutures, l'arbre représente une source d'inspiration considérable. Il propose aux sociétés humaines une manière d'être.

À l'état isolé ou sous forme de forêts, l'arbre assure des services écologiques dits de régulation dont nous pourrions tirer le meilleur parti. Il est notre meilleur allié pour la préservation de la biodiversité, dont il est l'un des havres les plus sûrs, la régulation des eaux dont le cours se révèle aujourd'hui capricieux et incertain, et l'atténuation du réchauffement global. Or ce dernier va bon train. Quatre milliards de personnes souffrent d'un manque d'eau, et nous sommes tous exposés à des vagues extrêmes de chaleur. La dérégulation des grands flux thermiques, liés pour partie au fonctionnement du vivant, génère des pénuries alimentaires, des conflits, des migrations et des tensions sociales ou politiques.

Il semble donc qu'au-delà même des liens profonds qui nous lient à la manière d'être des arbres, nous gagnerions aussi, pour des raisons non plus seulement culturelles, symboliques ou spirituelles, mais davantage économiques, sociales et environnementales, à instaurer une nouvelle *alliance* avec les arbres.

Recyclage

Les Français ont produit 324 millions de tonnes de déchets ménagers et assimilés en 2014, dont 48 millions seulement ont été envoyés dans des installations de traitement. La part effectivement recyclée de ces déchets s'élevait en 2014 à 17,5 millions de tonnes[149], soit un peu plus de 5 % de la masse de déchets produite.

À l'évidence, ce recyclage a beau connaître des améliorations technologiques considérables, il ne saurait faire face à l'abondance des déchets dont l'essentiel n'est pas traitable, sans parler ici des déchets industriels. Nous en sommes encore à une phase de transformation des déchets, mais leur véritable recyclage, sans nouvelle pollution induite, voire accompagné d'une véritable régénération de l'environnement, reste loin devant nous. Cela même s'il est espéré qu'en 2025, deux fois moins de déchets collectés seront éliminés[150].

C'est dire si notre mode de consommation moderne linéaire, centré sur « extraire, fabriquer, utiliser, jeter[151] », échappe pour l'essentiel à des pratiques de sagesse. Conformément aux lois de la physique et du vivant, il conviendrait plutôt de produire du nouveau à partir de l'ancien. Telles sont les pratiques artisanales, pour lesquelles il s'est longtemps agi de faire au mieux, au plus juste et au plus durable, moyennant une économie de moyens et une minimisation des pertes.

Telles sont aussi et surtout les pratiques du vivant, avec notamment le fameux paradigme d'Antoine Lavoisier qui observait que dans la matière, « rien ne se perd, rien ne se crée, tout se transforme[152] ». C'est selon de semblables principes que la loi de transition énergétique pour la croissance verte du 17 août 2015 engage aujourd'hui la France dans une transition vers l'économie circulaire.

Une source d'inspiration inépuisable se présente sous nos yeux, à condition que nous la considérions. La forêt représente le parangon du recyclage. Les déchets – si tant est que l'on puisse légitimement les désigner par ce terme – des uns y sont la matière première des autres. L'arbre redistribue ses richesses, année après année et, ultimement, jusqu'à sa mort. Il ne jette, ni n'enfouit rien. Il recycle intégralement.

Pourtant, observe l'économiste Gunter Pauli, pionnier d'une économie circulaire « bleue » fondée sur l'observation du vivant, jamais une feuille d'arbre ne redevient feuille après être tombée au sol, puis convertie en humus. Le système de recyclage appliqué à cette feuille s'avère complexe, producteur de nutriments, de matériaux et d'énergie dont bénéficieront d'autres organismes vivants proches qui, à leur tour, interviendront comme recycleurs avant d'être à leur tour recyclés[153]. Les boucles du recyclage ne peuvent demeurer des boucles simples.

Toute masse organique est vouée à se transformer, un jour ou l'autre, en substance organique morte gisant au sol. Ainsi en est-il des composantes de l'arbre dont la matière est alors fragmentée par les organismes saprophages (du grec *sapros*, « en décomposition » ; et *phagos*, « mangeur ») rassemblant vers, insectes et protozoaires. Puis elle est décomposée, minéralisée par des champignons et des bactéries, avant d'être réinvestie par d'autres êtres vivants qui en tireront à leur tour leur énergie, voire leur propre substance. Le moteur de ce recyclage est l'ensemble des relations dites trophiques qui s'établissent entre les êtres vivants présents autour de l'arbre, et opèrent selon des chaînes et des réseaux.

Cela ne s'arrête pas là puisqu'une partie des produits décomposés ne se minéralisent pas totalement. Ils stoppent leur évolution pour se regrouper, et même se polymériser en formant des substances nouvelles à molécules de plus en plus grosses. Ce sont les composés humiques, formés à partir des matières organiques végétales, au cours d'un processus dit d'humification[154]. Cet humus améliore considérablement les qualités physiques et chimiques du sol.

Nous sommes bien ici dans une logique d'économie « bleue », avec un recyclage des matières produites, mais aussi une régénération de la capacité de production, représentée par la fertilité biologique du sol. Par leur connaissance fine des mécanismes liés au fonctionnement, à la stabilité et, plus encore, à la résilience des forêts, les écologues forestiers ont devant eux un système d'alliance très prometteur à mettre en place avec les économistes.

La responsabilité du producteur, recherchée en faveur d'une écoconception des produits et d'une économie davantage circulaire et fertile, est certes appelée à être renforcée par le canal de la TGAP (Taxe générale sur les activités polluantes). Mais face aux lobbies de l'économie dominante, la mobilisation citoyenne reste primordiale. La tarification incitative – un système qui fait payer le citoyen en fonction des quantités de déchets qu'il produit et de celles qu'il trie –, mais aussi la sobriété volontaire, l'échange, la mutualisation et la réparation, peuvent réduire la quantité de biens achetés, tout en s'orientant vers les produits locaux, et de ce fait « décarbonés ». Les enquêtes n'en rendent pas moins compte d'une déconnexion entre les comportements d'achat des ménages et leurs préoccupations vis-à-vis de l'environnement ; de sorte qu'en la matière, relève l'économiste et environnementaliste Patrick Jolivet, « seules les pratiques nous indiquent à qui l'on a affaire[155] ».

Sans doute gagnerions-nous donc, au moment où nous entrons dans un magasin pour acheter des produits appelés à devenir des déchets, à penser davantage comme un arbre.

Agroforêt

Nous ne faisons encore que découvrir combien le sol est vivant, par sa constitution comme dans sa dynamique. Le système racinaire des arbres et l'ensemble de ses prolongements nous révèlent combien le monde souterrain constitue un vaste réseau vivant interactif et foisonnant. Un monde que l'agriculture a pourtant toujours ignoré, depuis ses ancrages les plus traditionnels jusqu'à ses évolutions les plus conventionnelles, et contre lequel elle a opposé des pratiques souvent inopportunes, voire destructrices.

Repenser l'agriculture en tendant à mimer la forêt serait toutefois se tromper. Le modèle idéal de l'agriculture ne saurait être un habitat naturel et sans hommes. Il reste plutôt à inventer de nouvelles figures d'aménagement de la terre où l'homme et la nature travaillent l'un pour l'autre selon un mode coadaptatif. Il s'agit de créer des alliances inédites avec la nature en nous réengageant dans la réalité du vivant, selon des approches cognitives mais aussi sensibles. Il importe désormais de tirer le meilleur parti possible des processus biologiques et des interactions écologiques.

Pourquoi sommes-nous aussi séduits par l'idée de *forestiser* l'agriculture[156] ? Comme l'observait André-Georges Haudricourt, nous sommes enclins à considérer, s'agissant des pratiques agricoles, que l'action directe constitue un artifice tandis que l'action indirecte apparaît comme un retour à la nature[157]. Les arbres agiraient dès lors comme des intercesseurs pour réduire l'artifice, souvent mal considéré en agroécologie et parfois même interprété comme une forme d'imposture[158]. L'illusion que représenterait le modèle forestier en agriculture étant mise au jour, cela ne signifie pas qu'il faille négliger le rôle possible des arbres dans les systèmes de production agricole.

En premier lieu, nous pouvons songer à l'extraordinaire sous-valorisation actuelle des prolongements racinaires, par lesquels circulent pourtant une quantité de nutriments, de substances antibiotiques ou de phytohormones. L'agroforesterie, branche de l'agroécologie donnant une place d'honneur à l'arbre, permet de faire bénéficier les plantes herbacées cultivées, *via* les réseaux mycéliens, d'une partie des sucres élaborés par les arbres. A *minima*, l'introduction d'arbres dans une parcelle cultivée permet de maintenir un réseau de mycéliums dont les plantes cultivées bénéficient pour mieux accéder aux éléments nutritifs. Cela permet d'alléger les apports d'intrants réalisés en agriculture conventionnelle. Les processus de facilitation assurés par les arbres au sein des systèmes agroforestiers restent toutefois à quantifier selon des expérimentations de plein champ qui font encore défaut[159].

Sans l'ériger en modèle absolu, il y a également lieu de s'inspirer de la structure forestière en tant qu'agencement de strates végétales où des processus de réaction aux agressions manifestées à un niveau peuvent bénéficier à un autre. Ainsi en est-il de la production d'hormones de stress volatiles, détectables indifféremment par la plupart des espèces végétales en place. De même, la régulation thermique ou l'infiltration des eaux de pluie, exercées par les individus des strates supérieures, profitent à ceux des strates inférieures. Une impasse idéologique serait toutefois de considérer que pour un *design* optimal d'une parcelle agroécologique, rien ne saurait équivaloir au dispositif d'une forêt naturelle.

Un troisième point est représenté par la résistance des forêts naturelles aux bio-agresseurs, pathogènes ou ravageurs. Ceux-ci, dans des environnements composites, se propagent plus difficilement d'un individu à l'autre. En outre, *via* les réseaux mycéliens, des substances antibiotiques émises par une plante peuvent bénéficier à une autre connectée au même réseau souterrain. Enfin, le peuplement biologique du sol, très actif, atténue les carences en soufre ou oligoéléments, et rend les plantes moins vulnérables aux agents pathogènes.

Embourbée dans des voies bien incertaines, voire périlleuses, l'agriculture est à réinventer. Elle doit beaucoup mieux apprendre du formidable « vivre ensemble » dont témoignent les forêts. L'ensemble du monde vivant ne s'en portera que mieux. Mais l'agriculture à venir, profondément écologique mais également fortement productive pour nourrir onze milliards d'hommes et de femmes en 2100, ne s'ajustera probablement jamais à notre imaginaire forestier. Demain, le monde rural tirera certainement bien mieux parti des enseignements du vivant, et tout particulièrement des arbres.

Mais il ne sera probablement jamais une agroforêt.

Atmosphère

La pollution de l'air, responsable d'affections cardiovasculaires, de cancer des poumons, de maladies pulmonaires chroniques et de diverses infections respiratoires, fait près de trois millions de morts par an, soit un décès sur dix, six fois plus que le paludisme. Ce nombre pourrait même doubler d'ici à 2050[160]. La pollution représente aujourd'hui le quatrième facteur de mortalité au niveau mondial, ce qui a conduit la Banque mondiale à sonner l'alarme en 2016[161]. Dans le monde, presque neuf personnes sur dix sont exposées à la pollution atmosphérique. En France, les décès annuels imputés à la dégradation de la qualité de l'air s'élèvent à 48 000.

Parmi les solutions à cette situation critique, outre la réduction directe des polluants, figurent le développement des réseaux de transport en commun et de ferroutage, l'extension des zones piétonnes, la restriction des véhicules en centre-ville, mais aussi la plantation d'arbres.

Les arbres et les forêts améliorent la qualité de l'air en captant directement les polluants gazeux pénétrant les feuilles par leurs stomates. C'est essentiellement de cette manière que sont régulés les taux d'ozone, de dioxyde de soufre et de dioxyde d'azote. En revanche, 20 à 50 % des particules fines en suspension dans l'air ne sont que temporairement retenues en surface des feuilles, pour disparaître ensuite dans la litière et, l'automne venu, être lessivées par les pluies ou, par vent violent, retourner dans l'atmosphère. Les arbres à grandes feuilles lisses, platanes ou marronniers, se révèlent d'autant moins efficaces que, de surcroît, ils contribuent à plaquer la pollution au sol. Les arbres produisant des feuilles pileuses, tels les bouleaux, sont plus efficaces.

Mais il faut aussi considérer que face à un rideau d'arbres, une partie des particules fines est déviée vers le bas, ce qui en accroît localement la concentration. En outre, l'effet filtrant n'est pleinement assuré que sur une distance de 30 mètres. Il s'atténue ensuite progressivement, de sorte qu'au-delà de 300 mètres, en se mêlant à l'air non filtré, l'air retrouve une concentration équivalente en particules fines[162]. Il n'empêche que des alignements d'arbres le long des avenues peuvent réduire de moitié, au sein des habitations, la teneur de l'air en particules fines[163]. Par son aptitude à rafraîchir l'atmosphère en période chaude, l'arbre participe enfin indirectement à la diminution de la pollution. En réduisant le recours à la climatisation – qui échauffe l'atmosphère –, il limite en effet la consommation d'énergie, toujours polluante quelle qu'en soit la forme d'approvisionnement.

L'arbre n'est certes pas une panacée. Tout d'abord, s'il revêt un feuillage caduc, son pouvoir dépolluant reste à peu près nul durant toute la période hivernale, si l'on excepte la captation de particules fines au contact de l'écorce. Il est d'autant plus efficient que l'air est davantage pollué, mais aussi que les pluies, qui lessivent les particules fines captées par l'écorce et les feuilles, sont peu abondantes. Une étude comparative de l'ensemble des grandes cités américaines a révélé que la ville de Los Angeles présentait le taux de dépollution le plus élevé par arbre, en raison de la longue période de feuillaison, de l'abondance modérée des précipitations, et du niveau élevé de pollution de l'air[164]. Mais cette situation n'est pas des plus communes.

Par l'émission de composés organiques volatils (COV), notamment des isoprènes, l'arbre urbain peut aussi contribuer, en présence de monoxyde d'azote dans l'atmosphère et lors d'épisodes caniculaires, à la formation de particules fines et de molécules d'ozone. Au cours de l'été 2006, la concentration d'ozone a augmenté jusqu'à 60 % durant les plus chaudes journées, en relation directe avec les émissions de COV par les arbres des parcs et jardins de Berlin[165]. Ces résultats d'une étude conduite par Galina Churkina, de l'Université de Potsdam, ont connu un retentissement médiatique. Cela n'altère en rien l'intérêt prédominant de planter des arbres en ville pour assainir l'atmosphère, d'autant que toutes les essences arborées ne sont pas émettrices de COV. Mais cela prouve qu'un tel aménagement n'a de sens et d'efficacité qu'accompagné de mesures permettant de réduire l'émission de polluants par l'ensemble de l'activité urbaine. Il faut aussi considérer, en contrepoint aux observations de Galina Churkina, qu'en dehors des épisodes caniculaires, les arbres contribuent significativement à réduire l'ozone présent dans l'air urbain[166].

Subsiste une autre réserve : celle des effets allergènes possibles du pollen de certains arbres présents en ville. Les noisetiers, les bouleaux, les cyprès, les platanes et les chênes sont fortement allergènes, même si leurs effets disparaissent lorsqu'ils ne sont pas densément regroupés. De 10 à 20 % de la population française souffre des effets allergènes du pollen sous la forme de troubles du sommeil ou d'une réduction de l'attention. Selon la théorie hygiéniste, ce taux, plus élevé en ville qu'à la campagne, proviendrait cependant d'une moindre exposition aux bactéries ambiantes au cours de la petite enfance. L'excès de protection des enfants citadins se traduirait par une moindre activation précoce des mécanismes immunitaires.

En outre, si l'on considère que les phénomènes d'allergie résultent au moins en partie de la pollution atmosphérique, il est injuste d'incriminer les seuls arbres. S'il faut aussi admettre qu'en situation de stress causé par la pollution, les arbres produisent davantage de pollen, ils ne sauraient être confondus avec la cause première des allergies observées. Au reste, toutes les espèces d'arbres ne sont pas semblablement allergènes. Les plus redoutables figurent parmi les *anémophiles*, dont le pollen est dispersé par le vent. Les moins compromettantes sont les *entomophiles*, dont le pollen est transporté par les insectes.

Ces réserves, qui invitent surtout à raisonner l'aménagement arboré en ville, ne réfutent en rien le rôle global des arbres en matière de dépollution atmosphérique. Les bienfaits des arbres dans les environnements urbains sont considérables.

Énergie

Les couverts arborés contribuent, par *évapotranspiration* (combinaison de l'évaporation et de la transpiration) à dissiper l'énergie issue de l'irradiation solaire et à rafraîchir l'atmosphère. Leur albédo, c'est-à-dire leur capacité à réfléchir la lumière, est faible. C'est pourquoi les forêts apparaissent en couleurs sombres sur les photographies aériennes, alors que les zones nues sont claires.

L'énergie fournie par le Soleil s'élève en été à 100 watts par mètre carré et par jour, ce qui conduit la température des surfaces imperméabilisées des villes à dépasser 50 °C[167]. Sous réserve d'une eau suffisante, les arbres agissent tels des systèmes de climatisation et dissipent 70 à 80 % de cette énergie solaire, par réflexion (20 % environ) et par évapotranspiration (50 à 60 %). De surcroît, la vapeur d'eau se condense au voisinage des cimes, ce qui contribue également à rafraîchir l'air. Les zones urbaines boisées sont ainsi de 2 à 8 °C plus fraîches que le reste de la ville. Les arbres sont donc potentiellement très efficaces pour atténuer la climatisation des habitations. Or, en rejetant de la chaleur à l'extérieur, celle-ci élève la température des villes d'environ un degré. À Nanjing, dans la vallée chinoise du Yang-Tsé, un vaste programme de plantation poursuivi sur trente ans a permis à la ville de se rafraîchir de près de 3 °C[168].

L'arbre est un formidable capteur d'énergie solaire. Par la photosynthèse, cette énergie lui permet de convertir de la matière minérale (eau et gaz carbonique) en matière organique. Celle-ci représente une forme de stockage de l'énergie solaire prélevée, l'énergie des photons étant convertie en énergie chimique dans les liaisons des produits carbonés. Cela fascine les concepteurs en quête d'énergies alternatives aux énergies fossiles. Plutôt que de tirer parti de l'énergie stockée par les forêts anciennes du carbonifère, dont les vestiges persistent aujourd'hui sous forme de nappes de pétrole ou de réserves de gaz ou de charbon, il s'agirait de tirer parti d'organismes pleinement vivants.

Tel est le principe sous-jacent à la production de biocarburants, production toutefois mise à mal par sa faible efficience énergétique réelle[169], et parce qu'elle grignote les terres cultivables alors que croissent les besoins alimentaires mondiaux. Une tout autre voie est de s'inspirer des processus fondamentaux intervenant dans la photosynthèse. Celle-ci est encore loin d'être réellement mimée mais est approchée par des chercheurs sous des formes prometteuses. Il s'agit de capter le gaz carbonique surproduit par nos sociétés industrielles pour le fixer sous une forme organique. Cela ne paraît plus être une utopie.

En 2015, des ingénieurs du groupe allemand Siemens ont ainsi obtenu la production de molécules organiques à partir de dioxyde de carbone (CO_2). Ils ont recouru à des matériaux similaires à ceux utilisés dans la confection de panneaux solaires. Il leur reste à utiliser l'énergie solaire selon un procédé autonome. Fin 2016, une équipe germano-suisse de chercheurs coordonnée par l'Institut Max-Planck, en Allemagne, a produit une chaîne de réactions enzymatiques permettant à nouveau de fixer sous forme de molécules organiques le carbone minéral contenu dans l'air[170]. L'idée est de reproduire le même processus de manière autonome en faisant appel à des micro-organismes génétiquement modifiés.

En mars 2017, une équipe de chercheurs de l'Université de Floride annonçait avoir produit, à partir d'un nouveau matériau, de la matière organique, mais aussi de l'énergie[171]. En présence de lumière bleue, le CO_2 est converti en deux formes réduites (formiate et formamide), proches de l'acide formique, utilisées comme une source d'énergie non émettrice de gaz carbonique. C'est un premier pas sur un chemin encore long, mais qui débouchera probablement, un jour, sur la formation de sucres simples.

Ces procédés fonctionnent sur la paillasse, sous conditions contrôlées et à des coûts prohibitifs. La seule transformation de la molécule de CO_2 réunit en soi de grandes difficultés. D'abord parce que cette molécule est stable, ce qui exige la mise en jeu d'énergies considérables. Ensuite parce que son activation peut conduire à une multitude de produits carbonés, ce qui nécessite le recours à des catalyseurs hautement sélectifs[172]. Mais l'enjeu de fixer les excès de CO_2 rejetés dans l'air est tel que ces recherches sont vouées à s'intensifier.

Au-delà de la fixation du CO_2, l'intérêt de mimer la photosynthèse est de tirer parti d'une source d'énergie qui ne s'épuisera qu'avec une extinction solaire, prévue dans quatre à cinq milliards d'années… La puissance solaire qui frappe la planète est de cent mille térawatts, soit sept mille fois la puissance consommée par l'humanité. Les dispositifs de captation de l'énergie solaire ont cependant le défaut de ne pas stocker cette énergie, et de n'autoriser donc qu'une offre intermittente. De sorte que cette énergie captée dépasse les besoins estivaux, mais reste insuffisante en hiver. L'arbre a quant à lui depuis longtemps trouvé la solution pour remédier à cette irrégularité de l'offre en énergie solaire. Nous seulement il produit des hydrates de carbone en toute autonomie, mais lorsque vient l'hiver, il a constitué suffisamment de réserves organiques pour assurer la poursuite de la croissance racinaire à des températures qui, dans le sol, restent relativement douces.

Les paris sont engagés. Alors que le rendement photosynthétique théorique ne dépasse pas 10 % chez un arbre, celui de la « photosynthèse artificielle » pourrait s'élever à 30 %[173]. Mais si ces recherches sont aujourd'hui bien avancées, la photosynthèse artificielle ne débouchera pas sur des dispositifs de production à grande échelle avant de nombreuses années[174]. Une autre alternative, moins spéculative et peut-être moins hasardeuse, serait de redonner davantage de place au matériau bois, dont on sait qu'il est neutre en carbone pour une forêt de production à l'équilibre, dont les émissions en CO_2 équivalent aux séquestrations de carbone.

Bois

Le bois est le matériau organique le plus durable qu'il soit, matériau composite qui associe au rôle de conduction de sève celui de soutien mécanique. Si c'est par la science que l'on est parvenu à faire voler des avions, c'est aussi grâce aux arbres, et il serait bien ingrat de l'oublier.

Souvenons-nous de l'une des premières ailes volantes que l'Autrichien Igo Etrich conçut en 1908 en copiant le fruit d'un palmier javanais, *Zanonia macrocarpa*. Ce fruit présente la faculté de planer très longuement avant d'atteindre le sol. Et c'est de ce même modèle que découlera le Taube, chasseur allemand utilisé de 1910 à 1914 dont la forme s'inspirera davantage du modèle du pigeon en vol[175]. Le bois s'est alors imposé pour reproduire ces formes naturelles volantes, en raison de sa légèreté, de sa souplesse, de sa grande résistance et de sa facilité d'emploi.

N'oublions pas non plus les parachutes, dont le principe a été directement inspiré de l'observation de fruits surmontés d'un parapluie, tels ceux du pissenlit. Et pensons également à la navigation maritime et fluviale, des premières pirogues faites de troncs simples évidés aux grands vaisseaux assemblant plusieurs milliers de troncs. Le bois a permis au fameux « grand singe migrateur » de sonder des mondes qui, sans cela, lui seraient restés inaccessibles.

Affirmer aujourd'hui que le bois est un matériau du passé, c'est toutefois perdre le sens de l'histoire.

Il s'agit d'un matériau intemporel, que les avancées technologiques récentes replacent au premier rang. En tant que matériaux aisés à homogénéiser, les alliages métalliques, les dérivés du pétrole et surtout le béton, dont la mise en œuvre n'exige pas de savoir-faire particulier, ont pris le pas sur le bois depuis un siècle. Mais une page se tourne. Le bois revient sur le devant de la scène comme matériau d'avenir. De nouveaux procédés basés sur un traitement chimique et une pression à chaud permettent par exemple de rendre le bois plus résistant que l'acier[176].

Désormais, les architectes recourant au bois voient très grand. En 2020, Hypérion, une tour réalisée à 80 % en bois, haute de cinquante-sept mètres et de dix-huit niveaux, s'élèvera au centre de Bordeaux, dans le quartier Saint-Jean. Cette tour sera construite non pas en bois brut mais en lamellé croisé, dit bois CLT (*Cross Laminated Timber*). Ce matériau est recyclable car il utilise peu de colles. En assemblant des couches successives de bois croisées à 90 degrés, il bénéficie d'une solidité identique à celle du béton et présente de très bonnes propriétés antisismiques. Très dense, le bois CLT est en outre un excellent isolant thermique. Il possède une haute stabilité structurelle, contrairement au béton qui, en cas d'incendie, est dix fois plus conducteur de la chaleur et se révèle prompt à l'éclatement. En outre, par sa teneur en eau, le bois produit en brûlant une croûte carbonée qui freine la combustion. Enfin, par le truchement des 1 400 mètres cubes de bois massif utilisés à la source de la fabrication du bois CLT, Hypérion permettra de stocker 1 000 tonnes de carbone[177]. Une nouvelle fois, l'arbre fournit une parade contre le réchauffement climatique. Une parade qui, s'agissant du recours au CLT, n'est pas si nouvelle, puisque la technique a été inventée il y a maintenant soixante ans.

La tour Hypérion aura la hauteur d'un grand arbre, qui réussit la prouesse de tenir de lui-même sur une telle hauteur, parfois davantage, en ne reportant son poids que sur une seule colonne, ce qu'aucun ingénieur ne saurait concevoir. Mais le modèle est là, sous nos yeux, et il n'est pas inenvisageable qu'à la faveur des capacités de calcul dont nous disposons aujourd'hui, il devienne possible d'imiter pareille prouesse... à condition de recourir au bois, seul matériau réunissant les propriétés physiques requises.

Par ses qualités technologiques intrinsèques, mais aussi par les nouvelles techniques d'assemblage de matériaux, le bois est désormais en passe de rivaliser avec des matériaux high-tech et les produits dérivés de la pétrochimie[178]. Même brut, il se révèle un matériau composite pourvu d'une grande résistance à la compression et d'un haut pouvoir isolant. Une maison en bois est cinq fois moins lourde qu'une maison équivalente maçonnée, et de 20 à 30 % plus isolante. Sa capacité à absorber l'humidité de l'air ou à la restituer de manière à être en état d'équilibre avec l'air ambiant, permet aux habitants de disposer d'un air sain.

Le bois présente le défaut d'être toujours singulier, doté de propriétés qui lui sont propres. À l'ère de l'informatique et des capacités de calcul associées, de nouveaux procédés de caractérisation très précise du bois apparaissent aujourd'hui, tels le scanner à rayons X, la spectrographie infrarouge ou les analyses vibratoires[179]. Les ingénieurs du bâtiment, qui ont longtemps boudé ce matériau, jugé insuffisamment homogène et dont toutes les propriétés n'ont pas été préalablement contrôlées, disposeront sous peu des moyens d'accorder une toute nouvelle place à l'arbre dans la ville.

Eau

Les arbres se sont remarquablement affranchis de l'eau pour investir le milieu terrestre. Devenus maîtres dans la gestion de l'eau, ils n'ont pas eu besoin de recréer un milieu intérieur pour, comme les animaux, y loger des organes. Ils ont multiplié les stratégies d'économie de l'eau en limitant l'évapotranspiration par un contrôle permanent de l'ouverture et de la fermeture de leurs stomates. Lors de la production de matière organique par la photosynthèse, les arbres restituent la moitié de la quantité d'eau consommée. Voilà pour l'éclairage biologique, et les procédés astucieux mis en place au cours de l'évolution par les plantes face à un milieu adverse.

Mais il y a autre chose. Les arbres ont en effet « su » trouver des parades en régulant cette eau *en dehors* de leurs propres tissus, en la maintenant autour de soi, et en exerçant donc des rétroactions écologiques sur l'environnement. Les plantes consomment en effet dix fois plus d'eau par unité de temps que les animaux, du fait que le système de circulation de l'eau n'est pas fermé mais ouvert vers l'extérieur. Or, une forêt, pour peu qu'elle soit étendue et dense, produit un microclimat non seulement en son sein, mais aussi à l'échelle régionale, qui permet de conserver au mieux les ressources en eau dont elle dispose. En relation avec leur fixité spatiale, les arbres modèlent leur milieu. En 2010, une équipe de physiciens allemands de l'Institut Max-Planck, conduite par Ulrich Pöschl, révélait que les précipitations observées au-dessus des grandes forêts résultaient de la production d'aérosols organiques agissant tels des noyaux de condensation de la vapeur d'eau contenue dans l'atmosphère[180]. Les arbres moissonnent les nuages.

En France, l'analyse d'images satellitaires et des données climatiques des dix dernières années met clairement en évidence le renforcement de la couverture nuageuse au-dessus des régions boisées, telles les Landes ou la Sologne[181]. La tempête Klaus, qui a abattu 60 % de la forêt landaise le 24 janvier 2009, a eu pour effet indirect de réduire durablement le couvert nuageux.

Mais les forêts peuvent avoir des effets plus lointains. La théorie dite de la pompe biotique, proposée par Anastassia Makarieva et Victor Gorshkov, de l'Institut de physique nucléaire de Saint-Pétersbourg, suggère que les forêts, par leur évapotranspiration, créent une zone de dépression atmosphérique. Celle-ci favorise alors les transferts latéraux d'air humide depuis les océans vers des zones forestières d'évaporation plus active[182]. Ces forêts garantiraient un cycle hydrologique à très large échelle, opérant des transferts de vapeur d'eau sur des milliers de kilomètres, de manière stable, et à haut débit.

Après en avoir été le poumon, la forêt est devenue le cœur de notre planète.

De ce fait, la déforestation a des implications climatiques souvent lointaines. Dans le bouclier amazonien, la déforestation a retardé l'arrivée des pluies d'une dizaine de jours. À Bornéo, les pluies se sont raréfiées à partir des années 1980, période pendant laquelle ont débuté d'intenses défrichements. La déforestation en cours dans le bassin forestier tropical du Congo, le deuxième plus grand massif forestier du monde, semblerait avoir des répercussions climatiques jusqu'au sud de la France[183].

À des échelles plus fines, la capacité des arbres à capter l'eau atmosphérique a été judicieusement mise à profit. Des espèces telles que le gaoré (*Ocotea foetens*), encore appelé arbre fontaine aux Canaries, condensent naturellement les brouillards montagneux à la surface de leurs feuilles de petite taille. Au Cap-Vert, les paysans recouraient traditionnellement à des agaves (*Furcraea gigantea*) ou à des palmiers (*Phoenix* sp.) pour capter l'eau des brumes lors de grandes sécheresses. Cette observation a inspiré des ingénieurs qui, en terrains arides, ont tendu entre des poteaux des filets en polypropylène assurant le même rôle de capteurs. Un réseau de 94 filets, permettant de collecter l'eau dans des gouttières, a été implanté sur la crête d'El Tofo, dans le nord du Chili, et a alimenté en eau pendant plusieurs années un village côtier de 330 habitants. La quantité d'eau récupérée est de 3 à 15 litres d'eau par mètre carré de toile et par jour au Chili, où de tels dispositifs sont aujourd'hui opérationnels. Cette valeur atteint 30 litres aux Canaries.

Dans le sud-ouest du Maroc, au sommet de la montagne Boutmezguida, une quarantaine de filets alimentent aujourd'hui en eau tout un village. Des équipements similaires ont vu le jour au Népal et au Pérou afin d'irriguer des cultures maraîchères ou fruitières, mais aussi en Afrique du Sud où l'eau utilisée par l'école primaire de Tshiavha, dans la province de Limpopo, provient entièrement d'un filet capteur. S'inspirer des arbres permet parfois aux hommes de survivre dans des conditions extrêmes.

Dans les zones urbaines, en cas d'épisodes orageux, les arbres contribuent enfin à faciliter l'infiltration des eaux de pluie dans le sol, par leurs racines mais aussi par l'activité biologique qu'ils entretiennent. À leur voisinage, le sol dispose en effet d'une meilleure porosité. De même, en cas d'inondation temporaire, les arbres concourent à assainir le sol par évapotranspiration[184].

Voilà qui milite pour une plus grande présence des arbres autour de nous.

Conclusion

Comme tout être vivant, l'homme est symbiotique. Il l'est en particulier par son microbiote, ce compagnonnage bactérien intime dont nous découvrons aujourd'hui l'empreinte singulière en chacun de nous. Il l'est plus généralement par l'inextricable réseau de liens fonctionnels et sensibles qui nous rattache à l'ensemble des manifestations vivantes.

Au fil de ce livre, nous avons tout particulièrement mesuré la place primordiale de l'arbre dans la course du vivant, et son extraordinaire force interactive qui s'exprime jusque dans notre manière d'être. Nous avons constaté, sous des angles très différents, son rôle polarisant dans notre ancrage au monde. Les formes et les composantes essentielles de notre corps, les aliments que nous ingérons, l'oxygène que nous respirons, les traits de notre pensée, nos aspirations spirituelles, nos penchants esthétiques, nos choix technologiques, nos représentations symboliques et, plus que jamais, désormais, notre devenir, se révèlent intimement liés aux arbres.

Si nous ne sommes pas sous leur emprise, nous n'en sommes pas moins une émanation, une part invisible de leur vaste feuillage.

Pourtant, les arbres se sont soustraits à nos regards, à l'exception de ceux des poètes. Peu à peu remplacés par des idées, des symboles, des représentations, soustraits de nos relations sensibles, les arbres ne nous *parlent* plus. « La forêt ne veut plus de nous[185] », dit la jeune Florie de *La Forêt perdue* de Genevoix, au terme d'une rencontre mystique avec le cœur même du vivant. Cette forêt, nous l'avons perdue dès que nous nous en sommes éloignés pour investir des paysages moins arborés.

Il est vrai que c'est dans la pénombre de ses frondaisons qu'a lentement émergé chez nos ancêtres la conscience du caractère inéluctable de leur mort. D'une telle perspective, nous n'avons plus jamais cessé, par des moyens profonds ou futiles, courageux ou serviles, créatifs ou destructeurs, de nous éloigner. La forêt comme les hommes en ont beaucoup pâti. Il est temps aujourd'hui de nous retourner pour mesurer le chemin parcouru.

Il est temps de retrouver les arbres.

Retrouver l'arbre, c'est d'abord retrouver l'altérité ; non pas une projection de nous-mêmes, mais une altérité dont nous acceptions qu'elle revête une part inconnue et inaccessible. C'est aussi, face à son insolente longévité, consentir en la fugacité de notre vie. L'arbre, reconnaissons-le, n'est pas toujours un motif rassurant dans l'esthétique du monde. Sa différence avec ce que nous sommes, animaux si particuliers, nous renvoie à notre extrême singularité, à notre immense solitude au sein d'un monde où rien n'est à notre mesure. Accepter l'arbre dans sa quintessence, c'est céder au vertige inhérent à la reconnaissance d'une *autre* forme de vie. C'est le reconnaître tel qu'il est, non pas tel que nous voudrions qu'il soit, à l'image de nous-mêmes.

L'arbre diffère trop de nous pour être pris pour modèle ou, pire, pour ordonnateur de principes applicables aux sociétés humaines. Il ne s'est agi, au fil des pages de ce livre, que de nous saisir de sa manière d'être pour reconsidérer nos modes de vie, de tirer parti de la formidable transversalité d'un être vivant dressé sur tous les fronts des grandes questions environnementales. Pour autant, l'extraordinaire succès de l'arbre peut utilement nous inspirer dans la poursuite de notre chemin.

Nous savons que ce chemin est devenu très incertain, parsemé d'embûches, ouvert sur des impasses sinon des tragédies, et débouchant tôt ou tard sur un précipice, si nous maintenons notre cap suicidaire. Or, il suffit peut-être de lever les yeux, de retrouver les frondaisons des arbres, de rétablir le lien sensible qui nous a si longtemps unis à ces derniers, de nous en inspirer jusqu'au plus profond de nous-mêmes pour suivre des voies beaucoup plus sûres. Il suffit peut-être de prêter davantage attention aux intuitions des poètes. Dans un hommage au peintre Alexandre Hollan, Yves Bonnefoy écrivait : « L'arbre est une leçon, on pourra aimer, réfléchir, penser en termes de vie plutôt que de connaissance[186]. »

Mais je parlais d'une forêt perdue… De fait, l'avons-nous véritablement perdue en France ?

Au IXe siècle, la forêt couvre encore 60 % de l'ensemble de notre territoire. Les XIIe et XIIIe siècles, périodes de relative accalmie, constituent des périodes d'expansion démographique et, partant, d'intense défrichement forestier. Les noms de villes tels que *Villeneuve* ou *Villefranche* sont des réminiscences de cette époque lointaine vouée à une vigoureuse déforestation. Entre l'an 1000 et l'an 1300, le pays perd la moitié de sa forêt, qui ne représente alors plus qu'environ 23 % du territoire. À partir des années 1300, les élites nobiliaires protègent les principaux massifs forestiers pour y établir leurs aires de chasse et tirer parti du bois d'œuvre dont l'intérêt marchand s'accroît. Au milieu du XVIe siècle, face à un nouvel essor démographique, la forêt connaît cependant de nouvelles saignées ; à tel point qu'au XVIIe siècle, ce recul inquiète les autorités royales. En 1661, Colbert, qui peine à trouver au sein du pays des ressources en bois suffisantes pour les besoins de la construction navale, s'insurge : « La France périra faute de bois. » En 1707, Vauban chiffre la couverture française à 6,8 millions d'hectares (soit 12,4 %).

Ce n'est qu'au milieu du XIXe siècle que la déforestation se résorbe, avec l'émergence de pratiques agricoles plus intensives, et l'édiction, en 1827, d'un premier Code forestier. La forêt renaît alors peu à peu de ses cendres pour représenter 18,7 % du territoire français en 1908, puis 20,5 % en 1948, 26,6 % en 2000, et environ 30 % en 2016, une valeur double de celle de 1830, et qui continue même à croître[187] ! Le regain forestier opère avec puissance en notre pays. Avec 2,4 milliards de mètres cubes de bois sur pied, le patrimoine forestier français est aujourd'hui le plus important d'Europe. Ce sont autant de ressources potentielles en bois, mais aussi de services écologiques et culturels à l'œuvre. Si nous avons longtemps perdu la forêt des yeux, l'avons cruellement malmenée, les chiffres révèlent qu'elle reprend aujourd'hui place autour de nous.

Sa résilience sera peut-être l'une des clés de notre survie.

Il est temps de reprendre l'écoute de l'arbre qui, décidément, a beaucoup à nous dire, et de le réenvisager comme un passeur privilégié. Il nous faut redéployer notre sensibilité, si excessivement et médiocrement sollicitée qu'elle ne réagit plus aujourd'hui qu'à des défilés d'images sidérantes et fascinantes, à des paroles ou des musiques tonitruantes. Tout se passe comme si nous nous efforcions d'évacuer la part la plus authentique de cette sensibilité.

Notre salut peut s'alimenter d'une forme de coadaptation aux arbres, d'une réinvention d'un destin commun, conduit dans de nouvelles alliances mutuelles et, pour ce faire, selon une relation sensible qui n'emprunte plus les seules voies du virtuel, de l'idéel, de l'imaginaire, ou bien d'une science parfois trop privée d'âme.

Dans *À quoi pensent les plantes ?*, j'avais rendu compte de l'inventivité avec laquelle le végétal a si brillamment investi le monde terrestre et, plus encore, s'y est totalement ouvert et prolongé, bien mieux que n'a su le faire le règne animal[188]. Dans ce livre, j'ai voulu montrer combien l'ouverture des arbres, sans véritable dedans ni véritable dehors, sans frontières clairement définies, nous touche jusqu'au fond de nous-mêmes, et rend compte d'une merveilleuse manière d'être. Tel saint François d'Assise, l'arbre semble vivre dans le dépouillement, l'abandon de soi, la sobriété, la quête de l'autre et de l'infini. Il ne se retourne pas sur lui-même mais s'élargit sans relâche, toujours davantage décentré, sans idées arrêtées, invariablement conciliant, toujours inachevé. Il représente une merveilleuse figure vivante susceptible d'inspirer notre propre existence.

C'est une grande figure du vivant qui semble vouloir s'adresser aux grands primates irrévérencieux que nous sommes devenus. Des primates aujourd'hui arrêtés dans leur élan, écrasés d'incertitudes, perdus au bord du chemin pour avoir sottement oublié qu'ils vivaient sur la planète des arbres.

Notes bibliographiques

1. Leopold A., *Almanach d'un comté des sables* (1949), Paris, Aubier, 1995, p. 170.
2. Dumas R., *Traité de l'arbre. Essai d'une philosophie occidentale*, Arles, Actes Sud, 2002, p. 49.
3. Bergson H., *Essai sur les données immédiates de la conscience* (1889), Vendôme, Presses universitaires de France, 2013.
4. Tchekhov A., *Oncle Vania* (1897), Paris, Bréal, 2005.
5. Hladik C. M., *À la recherche d'une alimentation idéale chez les humains et les autres primates*, Paris, Ellipses, 2017.
6. Abram D., *Comment la terre s'est tue. Pour une écologie des sens* (1996), Paris, La Découverte, 2013, p. 152.
7. Hublin J.-J., Ben-Ncer A., Bailey S. E., Freidline S. E., Neubauer S., Skinner M. M., Bergmann I., Le Cabec A., Benazzi S., Harvati K., Gunz P., « New fossils from Jebel Irhoud, Morocco and the pan-African origin of *Homo sapiens* », *Nature*, 2017, 546 (7657), p. 289.
8. Haudricourt A.-G., Dibie P., *Les Pieds sur terre*, Paris, Métailié, 1987.
9. Wells N., « At home with nature : Effects of "greenness" on children's cognitive functioning », *Environment and Behavior*, 2000, 32, p. 775-795.
10. Hartig T., Mang M., Evans G. W., « Restorative effects of natural environment experiences », *Environment and Behavior*, 1991, 23, p. 3-26.
11. Kaplan R., Kaplan S., *The Experience of Nature. A Psychological Perspective*, Cambridge, Cambridge University Press, 1989.
12. Wells N. M., « At home with nature : effects of "greenness" on children's cognitive functioning », art. cit.
13. Groenewegen P. P., van den Berg A. E., Vries S. D., Verheij R. A., « Vitamin G », *BMC Public Health*, 6, p. 149.

14. Ulrich R. S., « View through a window may influence recovery from surgery », *Science*, 1984, 224 (4647), p. 420-421.
15. Park B. J., Tsunetsugu Y., Kasetani T., Kagawa T., Miyazaki Y., « The physiological effects of Shinrin-yoku (taking in the forest atmosphere or forest bathing) : Evidence from field experiments in 24 forests across Japan », *Environmental Health and Preventive Medicine*, 2010, 15, p. 18-26.
16. Churkina G., Kuik F., Bonn B., Lauer A., Grote R., Tomiak K., Butler T. M., « Effect of VOC emissions from vegetation on air quality in Berlin during a heatwave », *Environmental Science and Technology*, 2017, 51, p. 6120-6130.
17. Wolfe M. K., Mennis J., « Does vegetation encourage or suppress urban crime ? Evidence from Philadelphia, PA », *Landscape and Urban Planning*, 2012, 108, p. 112-122.
18. *Ibid.*
19. Laumann K., Gärling T., Stormark K. M., « Selective attention and heart rate responses to natural and urban environments », *Journal of Environmental Psychology*, 2003, 23, p. 125-134.
20. Kim T. H., Jeong G. W., Baek H. S., Kim G. W., Sundaram T., Kang H. K., Lee S. W., Kim H. J., Song J. K., « Human brain activation in response to visual stimulation with rural and urban scenery pictures : A functional magnetic resonance imaging study », *Science of the Total Environment*, 2010, 408, p. 2600-2607.
21. Dallimer M., Irvine K. N., Skinner A. M., Davies Z. G., Rouquette J. R., Maltby L. L., Warren P. H., Armsworth P. R., Gaston K. J., « Biodiversity and the feel-good factor : understanding associations between self-reported human well-being and species richness », *BioScience*, 2012, 62 (1), p. 47-55.
22. Colarelli S. M., Dettmann J. R., « Intuitive evolutionary perspectives in marketing practices », *Psychology and Marketing*, 2003, 20 (9), p. 837-865.
23. Wilson E. O., *Biophilie* (1984), Paris, José Corti, 2012.
24. Abram D., *Comment la terre s'est tue, op. cit.*
25. Takano T., Nakamura K., Watanabe M., « Urban residential environments and senior citizens' longevity in megacity areas : The importance of walkable green spaces », *Journal of Epidemiology and Community Health*, 2002, 56 (12), p. 913-918.
26. Lovasi G. S., Quinn J. W., Neckerman K. M., Perzanowski M. S., Rundle A., « Children living in areas with more street trees have lower prevalence of asthma », *Journal of Epidemiology and Community Health*, 2008, 62 (7), p. 647-649.
27. Li Q., « Effect of forest bathing trips on human immune function », *Environmental health and preventive medicine*, 2010, 15 (1), p. 9-17.
28. Rozza A. L., Pellizzon C. H., « Essential oils from medicinal and aromatic plants : a review of the gastroprotective and ulcer-healing activities », *Fundamental and Clinical Pharmacology*, 2013, 27 (1), p. 51-63.

29. Marder M., *Plant-Thinking. A Philosophy of Vegetal Life*, New York, Columbia University Press, 2013.
30. Bachelard G., *L'Air et les Songes. Essai sur l'imagination du mouvement* (1943), Paris, Le Livre de Poche, « Biblio essais », 1992.
31. Nietzsche F., *Ainsi parlait Zarathoustra* (1885), Paris, Flammarion, 2006.
32. Bachelard G., *La Terre et les Rêveries du repos*, Paris, José Corti, 1948.
33. Hugo V., *Les Voix intérieures*, Paris, Hachette, 1836.
34. Chateaubriand F.-R. de, *Le Génie du christianisme* (1802), Paris, Gallimard, « Bibliothèque de la Pléiade », 1978.
35. Hugo V., *Les Contemplations. Livre III* (1856), Paris, Le Livre de Poche, 2002.
36. Hadot P., *Plotin ou la Simplicité du regard*, Paris, Gallimard, « Folio », 1997, p. 55.
37. Martin L., Decourteix M., Badel É., Huguet S., Moulia B., Julien J.-L., Leblanc-Fournier N., « The zinc finger protein PtaZFP2 negatively controls stem growth and gene expression responsiveness to external mechanical loads in poplar », *New Phytologist*, 2014, 203 (1), p. 168-181.
38. Lewis C. A., *Green Nature, Human Nature – The meaning of plants in our lives*, Illinois, University of Illinois Press, 1996.
39. Clément G., *Le Jardin en mouvement, de La Vallée au jardin planétaire*, Paris, Pandora, 1991.
40. Specht R. L., Rundel P., Westman W. E., Catling P. C., Majer J., Greenslade P., *Mediterranean-Type Ecosystems : A Data Source Book*, Dordrecht, Kluwer Academic Publishers, 2012.
41. Reichholf J., *Le Retour des castors : surprises écologiques*, Paris, Flammarion, 1996.
42. *Ibid.*, p. 273.
43. Tassin J., *La Grande Invasion. Qui a peur des espèces invasives ?*, Paris, Odile Jacob, 2014.
44. Rabhi P., *Vers la sobriété heureuse*, Arles, Actes Sud, 2010.
45. Hallé F., *Éloge de la plante*, Paris, Seuil, 1999, p. 44.
46. Ribet N., « La maîtrise du feu : un travail en creux qui façonne les paysages », *in* Delmas B. (dir.), *Le Travail et les Hommes. Actes du 127e congrès du CTHS*, Nancy, 2005, p. 167-198.
47. Detienne M., Vernant J.-P., *Les Ruses de l'intelligence. La mètis des Grecs*, Paris, Flammarion, 1974.
48. Canguilhem G., *La Connaissance de la vie* (1965), Paris, Librairie philosophique J. Vrin, 2009, p. 184.
49. *Ibid.*, p. 188.
50. Imanishi K., *Le Monde des êtres vivants* (1941), Paris, Wildproject, 2011, p. 83.
51. Ellison D., Morris C. E., Locatelli B., Sheil D., Cohen J., Murdiyarso *et al.*, « Trees, forests and water : Cool insights for a hot world », *Global Environment Change*, 2017, 43, p. 51-61.

52. CHATEAUBRIAND F.-R. DE, *Atala* (1801), Paris, Librairie générale française, 2007.
53. BERG G., RYBAKOVA D., GRUBE M., KÖBERL M., « The plant microbiome explored : Implications for experimental botany », *Journal of Experimental Botany*, 2015, 67 (4), p. 995-1002.
54. PEÑUELAS J., FARRÉ-ARMENGOL G., LLUSIA J., GARGALLO-GARRIGA A., RICO L., SARDANS J., TERRADAS J., FILELLA I., « Removal of floral microbiota reduces floral terpene emissions », *Scientific Reports*, 2014, 4, p. 6727.
55. VERGINER M., SIEGMUND B., CARDINALE M., MÜLLER H., CHOI Y., MÍGUEZ C. B., LEITNER E., BERG G., « Monitoring the plant epiphyte *Methylobacterium extorquens* DSM 21961 by real-time PCR and its influence on the strawberry flavor », *FEMS Microbiology Ecology*, 2010, 74 (1), p. 136-145.
56. COOK R. J., THOMASHOW L. S., WELLER D. M., FUJIMOTO D., MAZZOLA M., BANGERA G., KIM D. S., « Molecular mechanisms of defense by rhizobacteria against root disease », *Proceedings of the National Academy of Sciences*, 1995, 92 (10), p. 4197-4201.
57. KENRICK P., STRULLU-DERRIEN C., « The origin and early evolution of roots », *Plant Physiology*, 2014, 166 (2), p. 570-580.
58. ABRAM D., *Comment la terre s'est tue*, *op. cit.*, p. 175.
59. HALLÉ F., *Éloge de la plante*, *op. cit.*, p. 120.
60. GOETHE J. W. VON, *Essai sur la métamorphose des plantes* (1829), Whitefish (Mont.), Kessinger Legacy Reprints, 2010.
61. COCCIA E., *La Vie des plantes*, Paris, Bibliothèque Rivages, 2016, p. 127.
62. MANCUSO S., VIOLA A., *Brilliant Green. The Surprising History and Science of Plant Intelligence*, Washington, Island Press, 2015, p. 77.
63. HALLÉ F., OLDEMAN R. A. A., *Essai sur l'architecture et la dynamique de croissance des arbres tropicaux*, Paris, Masson, 1970.
64. BATHÉLÉMY D., « Levels of organization and repetition phenomena in seed plants », *Acta Biotheoretica*, 1991, 39 (3-4), p. 309-323.
65. GOETHE J. W. VON, *Essai sur la métamorphose des plantes*, *op. cit.*
66. LIU Z., CAI Y., WANG Y., NIE Y., ZHANG C., XU Y., ZHANG X., LU Y., WANG Z., POO M., SUN Q., « Cloning of macaque monkeys by somatic cell nuclear transfer », *Cell*, 2018, 172 (4), p. 881-887.
67. HALLÉ F., *Éloge de la plante*, *op. cit.*, p. 271.
68. THOMAS H., « Senescence, ageing and death of the whole plant », *New Phytologist*, 2013, 197 (3), p. 696-711.
69. CAMUS A., *L'Été* (1954), Paris, Gallimard, « Folio », 2006.
70. THOMAS H., « Senescence, ageing and death of the whole plant », art. cit.
71. PEÑUELAS J., MUNNÉ-BOSCH S., « Potentially immortal ? », *New Phytologist*, 2010, 187 (3), p. 564-567.
72. THOMAS H., « Senescence, ageing and death of the whole plant », art. cit.
73. LANNER R. M., CONNOR K. F., « Does bristlecone pine senesce ? », *Experimental Gerontology*, 2001, 36 (4-6), p. 675-685.

74. Montaigne M. de, *Essais. Livre III*, Paris, Presses universitaires de France, 2002.
75. Callaway R. M., Mahall B. E., « Plant ecology : Family roots », *Nature*, 2007, 448 (7150), p. 145-147.
76. Tassin J., *À quoi pensent les plantes ?*, Paris, Odile Jacob, 2016, p. 73.
77. Ronsard P. de, *Odes* (1550), Neuilly-sur-Seine, Atlande, 2001.
78. Hallé F., *Plaidoyer pour l'arbre*, Arles, Actes Sud, 2005, p. 62.
79. Gautier T., *España* (1845), Paris, Gallimard, « Folio », 1981.
80. Renard J., *Histoires naturelles* (1896), Paris, Flammarion, 1992.
81. Genevoix M., *Ceux de 14* (1949), Paris, Omnibus, 1998, p. 469.
82. Jones A. M., Dangl J. L., « Logjam at the Styx : Programmed cell death in plants », *Trends in Plant Science*, 1996, 1 (4), p. 114-119.
83. Hasler J., Penel C., Gaspar T., Crèvecœur M., « Mort cellulaire programmée, apoptose… et cellules végétales », *L'Année Biologique*, 2001, 40, p. 75-95.
84. Abram D., *Comment la terre s'est tue*, *op. cit.*, p. 153.
85. Chave J., « Spatial variation in tree composition across tropical forests : Pattern and process », *in* W. P. Carson, S. A. Schnitzer (dir.), *Tropical Forest Community Ecology*, Londres, Wiley-Blackwell, 2008, p. 11-30.
86. Selosse M.-A., *Jamais seul. Ces microbes qui construisent les plantes, les animaux et les civilisations*, Arles, Actes Sud, 2017, p. 36-37.
87. Verhaeren É., *La Multiple Splendeur* (1906), Paris, Mercure de France, 1926.
88. Rayner A. D. M., « Fountains of the forest – the interconnectedness between trees and fungi », *Mycological Research*, 1998, 102, p. 1441-1449.
89. Berque A., *La Mésologie, pourquoi et pourquoi faire ?*, Paris, Presses universitaires de Paris-Ouest, 2014, p. 33.
90. Clements F., *Plant Succession, an Analysis of the Development of Vegetation*, Washington, Carnegie Institution of Washington, 1916.
91. Bergandi D., « Les métamorphoses de l'organicisme en écologie : de la communauté végétale aux écosystèmes », *Revue d'histoire des sciences*, 1999, 52 (1), p. 5-31.
92. Desombres B., *La Sagesse des arbres*, Paris, Calmann-Lévy, 2001.
93. Dissanayake E., « Root, leaf, blossom, or bole : Concerning the origin and adaptive function of music », *in* S. Malloch, C. Trewarthen (dir.), *Communicative Musicality : Exploring the Basis of Human Companionship*, Londres, Oxford University Press, 2009, p. 17-30.
94. Levman B. G., « Western theories of music origin, historical and modern », *Musicae scientiae*, 2000, 4 (2), p. 185-211.
95. Tchouang-tseu, *Œuvre complète*, Paris, Gallimard, 1969.
96. Chateaubriand F.-R. de, *Le Génie du christianisme*, *op. cit.*
97. Chateaubriand F.-R. de, *Atala*, *op. cit.*
98. Musil R., *Les Désarrois de l'élève Törless* (1906), Paris, Seuil, 1960.

99. KRAUSE B., *Chansons animales et cacophonie humaine. Manifeste pour la sauvegarde des paysages sonores naturels*, Arles, Actes Sud, 2016.
100. HEAD M., « Birdsong and the origins of music », *Journal of the Royal Musical Association*, 1997, 122 (1), p. 1-23.
101. ARCADI A. C., ROBERT D., BOESCH C., « Buttress drumming by wild chimpanzees : Temporal patterning, phrase integration into loud calls, and preliminary evidence for individual distinctiveness », *Primates*, 1998, 39 (4), p. 505-518.
102. DUFOUR V., POULIN N., CURÉ C., STERCK E. H., « Chimpanzee drumming : A spontaneous performance with characteristics of human musical drumming », *Scientific Reports*, 2015, 5, 11320.
103. BALLU J.-M., *Bois de musique. La forêt berceau de l'harmonie*, Paris, Gerfaut, 2004.
104. FLEURY V., *Arbres de pierre. La croissance fractale de la matière*, Paris, Flammarion, 1998, p. 135.
105. BACHELARD G., *L'Air et les songes*, *op. cit.*
106. FLEURY V., *Arbres de pierre*, *op. cit.*
107. BERGSON H., *La Conscience et la vie* (1911), Paris, Presses universitaires de France, 2013.
108. FLEURY V., *Des pieds et des mains. Genèse des formes de la nature*, Paris, Flammarion, « Champs », 2005.
109. DUMAS R., *Traité de l'arbre*, *op. cit.*, p. 193.
110. CLAUDEL P., *Connaissance de l'Est* (1900), Paris, Mercure de France, 1960.
111. CAILLOIS R., *Les Impostures de la poésie*, Paris, Gallimard, « Métamorphoses », 1945.
112. THIRY L., « L'arbre et la fugue », *in* B. DESOMBRES, *La Sagesse des arbres*, *op. cit.*, p. 150-151.
113. PÉGUY C., *L'Esprit de système*, Paris, Gallimard, « Blanche », 1953.
114. RUTHERFORD A. W., « De l'hydrogène à partir du soleil et de l'eau », *Clefs CEA*, 2005, 50/51, p. 49-51.
115. CONWAY MORRIS S., *Life's Solution : Inevitable Humans in a Lonely Universe*, Cambridge, Cambridge University Press, 2003, p. 108.
116. MULKIDJANIAN A. Y., JUNGE W., « On the origin of photosynthesis as inferred from sequence analysis », *Photosynthesis Research*, 1997, 51 (1), p. 27-42.
117. SAUQUET H., BALTHAZAR M. VON, MAGALLÓN S., DOYLE J. A., ENDRESS P. K., BAILES E. J. *et al.*, « The ancestral flower of angiosperms and its early diversification », *Nature Communications*, 2017, 8, 16047.
118. WAGNER M. R., LUNDBERG D. S., COLEMAN-DERR D., TRINGE S. G., DANGL J. L., MITCHELL-OLDS T., « Natural soil microbes alter flowering phenology and the intensity of selection on flowering time in a wild *Arabidopsis* relative », *Ecology Letters*, 2014, 17 (6), p. 717-726.

119. Urli M., Lamy J. B., Sin F., Burlette R., Delzon S., Porté A., « The high vulnerability to drought of *Quercus robur* at its southern margin paves the way for *Quercus ilex* », *Plant Ecology*, 2014, 216 (2), p. 177-187.
120. Hodar J. A., Zamora R., « Herbivory and climatic warming : A Mediterranean outbreaking caterpillar attacks a relict, boreal pine species », *Biodiversity and Conservation*, 2004, 13 (3), p. 493-500.
121. Fei S., Desprez J. M., Potter K. M., Jo I., Knott J. A., Oswalt C. M., « Divergence of species responses to climate change », *Science Advances*, 2017, 3 (5), e1603055.
122. Brewer S., Cheddadi R., De Beaulieu J. L., Reille M., « The spread of deciduous *Quercus* throughout Europe since the last Glacial period », *Forest Ecology and Management*, 2002, 156 (1-3), p. 27-48.
123. Bertrand R., Riofrio-Dillon G., Lenoir J., Drapier J., de Ruffray P., Gégout J. C., Loreau M., « Ecological constraints increase the climatic debt in forests », *Nature Communications*, 2016, 7, 12643.
124. Phillips O. L., Martínez R. V., Arroyo L., Baker T. R., Killeen T., Lewis S. L., Vinceti B., « Increasing dominance of large lianas in Amazonian forests », *Nature*, 2002, 418 (6899), p. 770-774.
125. Berna F., Goldberg P., Horwitz L., Brink J., Holt S., Bamford M., Chazan M., « Microstratigraphic evidence of in situ fire in the Acheulean strata of Wonderwerk Cave, Northern Cape province, South Africa », *Proceedings of the National Academy of Sciences of the United States of America*, 2012, 20, p. 7593-7594.
126. Dale V. H., « The relationship between land-use change and climate change », *Ecological Applications*, 1997, 7 (3), p. 753-769.
127. Tassin J., *La Grande Invasion*, *op. cit.*, p. 105.
128. Hublin J.-J., *Quand d'autres hommes peuplaient la Terre. Nouveaux regards sur nos origines*, Paris, Flammarion, 2008.
129. Ellis E. C., « Anthropogenic transformation of the terrestrial biosphere », *Philosophical Transactions of the Royal Society* A, 2011, 369 (1938), p. 1010-1035.
130. Tassin J., *La Grande Invasion*, *op. cit.*, p. 167.
131. Guariguata M. R., Ostertag R., « Neotropical secondary forest succession : changes in structural and functional characteristics », *Forest Ecology and Management*, 2001, 148, p. 185-206.
132. Bongers F., Chazdon R., Poorter L., Pena-Claros M., « The potential of secondary forests », *Science*, 2015, 348 (6235), p. 642-643.
133. Poorter L., Bongers F., Aide T. M., Almeyda Zambrano A. M., Balvanera P., Becknell J. M. *et al.*, « Biomass resilience of Neotropical secondary forests », *Nature*, 2016, 530, p. 211-214.
134. Sayer C. A., Bullock J. M., Martin P. A., « Dynamics of avian species and functional diversity in secondary tropical forests », *Biological Conservation*, 2017, 211 (A), p. 1-9.

135. Fleury V., *De l'œuf à l'éternité. Le sens de l'évolution*, Paris, Flammarion, 2006, p. 45.
136. *Ibid.*, p. 47.
137. Dumas R., *Traité de l'arbre*, *op. cit.*, p. 16.
138. Desombres B., *La Sagesse des arbres*, *op. cit.*, p. 165.
139. Dumas R., *Traité de l'arbre*, *op. cit.*, p. 13.
140. Descartes R., *Les Principes de la philosophie* (1644), Paris, Vrin, « Bibliothèque des textes philosophiques, poche », 2009.
141. Koyré A., *Entretiens sur Descartes*, Paris, Gallimard, 1962, p. 216.
142. Cité par Dumas R., *Traité de l'arbre*, *op. cit.*, p. 94.
143. Fisler M., *Histoire de la métaphore de l'arbre dans les sciences naturelles*, thèse, Paris, Muséum national d'histoire naturelle, 2014, p. 25.
144. Dumas R., *Traité de l'arbre*, *op. cit.*, p. 99.
145. Darwin C., *L'Origine des espèces* (1859), Paris, Flammarion, 1995, p. 180-181.
146. Dumas R., *Traité de l'arbre*, *op. cit.*
147. Par exemple : Association *r*urale *B*rayonne pour le *r*espect de l'*e*nvironnement ; Arbres *r*emarquables : *b*ilan, *r*echerche, *é*tudes et *s*auvegarde ; Atlas *R*annyezhoù ar *brez*honeg : *s*intax (Atlas syntaxique des dialectes du breton) ; Aménager et *r*énover avec le *b*ois pour la *ré*habilitation ; etc.
148. Brundtland G. H., *Our Common Future : Report of the World Commission on Environment and Development*, Oxford, Oxford University Press, 1987.
149. ADEME, *Déchets 2017. Les 10 chiffres clés*, Paris, ADEME, 2017.
150. Ministère de l'Environnement, de l'Énergie et de la Mer, *Économie circulaire : les avancées de la loi de transition énergétique pour la croissance verte*, Paris, MEEM, 2016.
151. Béalès J., « Circulaire, il n'y a rien à jeter », *La Vie*, 2017, hors-série : *Sciences. La Nature pour modèle*, p. 38-39.
152. Lavoisier A., *Traité élémentaire de chimie* (1789), Paris, Create Space Independent Publishing Platform, 2015.
153. Pauli G., *L'Économie bleue. 10 ans, 100 innovations, 100 millions d'emplois*, Lyon, Caillade Publishing, 2011.
154. Soltner D., *Les Bases de la production végétale*, tome I : *Le Sol et son amélioration*, Angers, Collection Sciences et Techniques Agricoles, 1988.
155. Jolivet P., « Le recyclage des déchets ménagers : une figure de citoyenneté », *Courrier de l'environnement de l'INRA*, 2001, 44, p. 29-40.
156. Tassin J., « La forêt naturelle pour modèle agricole ? », *Bois et forêts des tropiques*, 2017, 333, p. 3.
157. Haudricout A.-G., « Domestication des animaux, culture des plantes et traitement d'autrui », *L'Homme. Revue française d'anthropologie*, 1962, 2-1, p. 40-50.
158. Tassin J., « Quand l'agroécologie se propose d'imiter la nature », *Courrier de l'Environnement de l'INRA*, 2011, 61, p. 45-53.

159. Selosse M.-A., « Le rôle vital des mycorhizes », *Paysages in Marciac, journée agroécologie*, 6e édition, 29 juillet 2014, https://www.youtube.com/watch?v=39TsKgacWX8.
160. Lelieveld J., Evans J. S., Fnais M., Giannadaki D., Pozzer A., « The contribution of outdoor air pollution sources to premature mortality on a global scale », *Nature*, 2015, 525, p. 367-371.
161. World Bank, *The Cost of Air Pollution : Strengthening the Economic Case for Action*, Washington D.C., World Bank Group, 2016.
162. McDonald R., Kroeger T., Boucher T., Longzhu W., Salem R., *Planting Healthy Air. A Global Analysis of the Role of Urban Trees in Addressing Particulate Matter Pollution and Extreme Heat*, The Nature Conservancy, 2016.
163. Maher B. A., Ahmed I. A., Davison B., Karloukovski V., Clarke R., « Impact of roadside tree lines on indoor concentrations of traffic-derived particulate matter », *Environmental Science and Technology*, 2013, 47 (23), p. 13737-13744.
164. Nowak D. J., Crane D. E., Stevens J. C., « Air pollution removal by urban trees and shrubs in the United States », *Urban Forestry and Urban Greening*, 2006, 4, p. 115-123.
165. Churkina G., Kuik F., Bonn B., Lauer A., Grote R., Tomiak K., Butler T. M., « Effect of VOC emissions from vegetation on air quality in Berlin during a heatwave », *Environmental Science and Technology*, 2017, 51 (11), p. 6120-6130.
166. Nowak D. J., Civerolo K. L., Rao S. T., Sistla G., Luley C. J., Crane D. E., « A modeling study of the impact of urban trees on ozone », *Atmospheric Environment*, 2000, 34, p. 1601-1613.
167. Hesslerová P., Pokorný J., Brom J., Rejšková-Procházková A., « Daily dynamics of radiation surface temperature of different land cover types in a temperate cultural landscape : Consequences for the local climate », *Ecological Engineering*, 2013, 54, p. 145-154.
168. Bartenstein F., « Re-greening in China », *The International Dayton Line*, 1981, 1, p. 5.
169. Michel H., « Editorial : The nonsense of biofuels », *Angew. Chem. Int. Ed.*, 2012, 51 (11), p. 2516-2518.
170. Schwander T., Borzyskowski L. S. von, Burgener S., Cortina N. S., Erb T. J., « A synthetic pathway for the fixation of carbon dioxide *in vitro* », *Science*, 2016, 354 (6314), p. 900-904.
171. Logan M. W., Ayad S., Adamson J. D., Dilbeck T., Hanson K., Uribe-Romo F. J., « Systematic variation of the optical bandgap in titanium based isoreticular metal-organic frameworks for photocatalytic reduction of CO_2 under blue light », *Journal of Materials Chemistry* A, 2017, 5 (23), p. 11854-11863.
172. Fontecave M., « Photosynthèse artificielle : transformer le soleil en biocarburants », *Culture Sciences Chimie*, ENS Eduscol, publié le 08/06/2016.

173. FONTECAVE M., « Sustainable chemistry for energizing the planet », *Angewandte Chemie*, 2015, 54 (24), p. 6946-6947.
174. FONTECAVE M., « Photosynthèse artificielle : transformer le soleil en biocarburants », art. cit.
175. BALLU J.-M., *Bois d'aviation. Sans bois, l'aviation n'aurait jamais décollé*, Paris, Institut pour le développement forestier (IDF), 2013, p. 12.
176. SONG J., CHEN C., ZHU S., ZHU M., DAI J., RAY U. *et al.*, « Processing bulk natural wood into a high-performance structural material », *Nature*, 2018, 554(7691), 224.
177. VAN EECKHOUT L., « Deux tours en bois vont se dresser dans le ciel de Bordeaux », *Le Monde*, 16 mars 2016.
178. NOUYRIGAT V., « La revanche du bois », *Science et Vie*, mai 2017, 1196, p. 86-92.
179. *Ibid.*
180. PÖSCHL U., MARTIN S. T., SINHA B., CHEN Q., GUNTHE S. S., HUFFMAN J. A., BORRMANN S., FARMER D. K., GARLAND R. M., HELAS G., JIMENEZ J. L., « Rainforest aerosols as biogenic nuclei of clouds and precipitation in the Amazon », *Science*, 2010, 329 (5998), p. 1513-1516.
181. TEULING A. J., TAYLOR C. M., MEIRINK J. F., MELSEN L. A., MIRALLES D. G., VAN HEERWAARDEN C. C., VAUTARD R., STEGEHUIS A. I., NABUURS G. J., DE ARELLANO J. V. G., « Observational evidence for cloud cover enhancement over western European forests », 2017, *Nature Communications*, 8, 14065.
182. MAKARIEVA A. M., GORSHKOV V. G., « The biotic pump : Condensation, atmospheric dynamics and climate », *International Journal of Water*, 2010, 5 (4), p. 365-385.
183. LAWRENCE D., VANDECAR K., « Effects of tropical deforestation on climate and agriculture », *Nature Climate Change*, 2015, 5 (1), p. 27-36.
184. BERLAND A., SHIFLETT S. A., SHUSTER W. D., GARMESTANI A. S., GODDARD H. C., HERRMANN D. L., HOPTON M. E., « The role of trees in urban stormwater management », *Landscape and Urban Planning*, 2017, 162, p. 167-177.
185. GENEVOIX M., *La Forêt perdue*, Paris, Plon, 1967, p. 218.
186. BONNEFOY Y., HOLLAN A., *L'Arbre au-delà des images*, Bordeaux, William Blake and Co, 2003.
187. MATHER A. S., FAIRBAIRN J., NEEDLE C. L., « The course and drivers of the forest transition : The case of France », *Journal of Rural Studies*, 1999, 15 (1), p. 65-90. ; KOERNER W., CINOTTI B., JUSSY J. H., BENOÎT M., « Évolution des surfaces boisées en France depuis le début du XIXe siècle : identification et localisation des boisements des territoires agricoles abandonnés », *Revue forestière française*, 2000, 52, p. 249-270.
188. TASSIN J., *À quoi pensent les plantes ?*, *op. cit.*

Table

Introduction 9

CHAPITRE I – Façonnés par les arbres 13
Moulage 14
Apprentissage 17
Apaisement 21
Arbophilie 24
Arbothérapie 26
Spiritualité 29

CHAPITRE II – Présence au monde 33
Lenteur 35
Sobriété 37
Décentrement 40
Fusion 43
Contre-don 46
Sensibilité 49

CHAPITRE III – Vivre par-delà soi 53
Un et plusieurs 54
Altérité 58
Inachèvement 60

Contingence 63
Connexion 66
Tout 68

CHAPITRE IV – Accord symphonique 73
Musique 74
Fluidité 77
Harmonie 79
Feuillaison 81
Migration 84
Anthropocène 86

CHAPITRE V – Penser selon l'image de l'arbre 89
Arborescence 90
Logique 93
Phylogénie 95
Symboles 98

CHAPITRE VI – Développement durable 103
Recyclage 105
Agroforêt 108
Atmosphère 111
Énergie 114
Bois 118
Eau 121

Conclusion 125
Notes bibliographiques 131

Achevé d'imprimer en octobre 2020
sur les presses de La Nouvelle Imprimerie Laballery (58)

Cet ouvrage a été composé
par Nord Compo
à Villeneuve-d'Ascq (Nord)

N° d'impression : 009730
N° d'édition : 7381-5125-1
Dépôt légal : février 2020

Imprimé en France